农牧交错风沙区
保护性耕作技术

刘景辉　张立峰　许　强　主编

中国农业出版社

内 容 提 要

全书分三个部分：第一部分，农牧交错风沙区保护性耕作技术模式研究，包括：第一章，农牧交错半干旱风沙区保育性耕作技术，第二章，农牧交错半干旱偏旱风沙区保护性耕作技术，第三章，农牧交错干旱风沙区保护性耕作技术。第二部分，农牧交错风沙区保护性耕作技术效果，包括：第四章，农牧交错半干旱风沙区保育性耕作技术效果，第五章，农牧交错半干旱偏旱风沙区保护性耕作技术效果，第六章，农牧交错干旱风沙区保护性耕作技术效果。第三部分，农牧交错风沙区保护性耕作技术规程，包括：第七章，农牧交错半干旱风沙区保育性耕作技术规程，第八章，农牧交错半干旱偏旱风沙区保护性耕作技术规程，第九章，农牧交错干旱风沙区保护性耕作技术规程。全书主要介绍了农牧交错风沙区立垡覆盖保育性耕作技术、农林（草）带状间作保育性耕作、带状耕作、马铃薯与条播作物带状留茬保护种植、留茬深松免耕蓄水保墒耕作、等高免耕留茬种植、留茬免耕保护性耕作、玉米微集水保护性种植等技术模式及其关键技术与技术效果，以及不同保护性耕作的技术规程。

《农牧交错风沙区保护性耕作技术》
编辑委员会

主　编　刘景辉　张立峰　许　强

编　委（按姓名笔画排序）

冯丽肖　边秀举　刘玉华　刘景辉

许　强　李立军　吴宏亮　妥德宝

张立峰　张德健　范希铨　赵　卫

赵沛义　康建宏　路战远　窦铁岭

前　言

本书来源于“十一五”国家科技支撑计划重点项目“保护性耕作技术体系研究与示范”的“农牧交错风沙区保护性耕作技术集成研究与示范”（2006BAD15B05）课题完成的主要技术成果。课题组针对农牧交错半干旱风沙区（冀北地区，年降雨量350mm左右）、农牧交错半干旱偏旱风沙区（内蒙古阴山北麓地区，年降雨量300mm左右）和农牧交错半干旱偏旱风沙区（宁夏中部风沙区，年降雨量250mm左右）存在气候干旱、风多风大与农田风蚀沙化严重等生产生态问题及作物种植实际情况，开展了区域保护性耕作关键技术、技术效果研究，构建了适应不同类型区的保护性耕作技术体系和模式并形成了相应的技术规程，为区域农田固土减尘、蓄水保墒、增产增收，保护农田生态环境及提高土地生产能力提供技术支撑。

本书由内蒙古农业大学、河北农业大学、宁夏大学、内蒙古农牧业科学院等单位的专家和学者共同编写完成。全书分三个部分：第一部分，农牧交错风沙区保护性耕作技术模式研究，包括：第一章，农牧交错半干旱风沙区保育性耕作技术，第二章，农牧交错半干旱偏旱风沙区保护性耕作技术，第三章，农牧交错干旱风沙区保护性耕作技术。第二部分，农牧交错风沙区保护性耕作技术效果，包括：第四章，农牧交错半干旱风沙区保育性耕作技术效果，第五章，农牧交错半干旱偏旱风沙区保护性耕作技术效果，第六章，农牧交错干旱风沙区保护性耕作技术效果。第三部分，农牧交错风沙区保护性耕作技术规程，包括：第七章，农牧交错半干旱风沙区保育性耕作技术规程，第八章，农牧交错半干旱偏旱风沙区保护性耕作技术规程，第九章，农牧交错干旱风沙区保护性耕作技术规程。全书主要介绍了农牧交错风沙区立垡覆盖保育性耕作技术、农林（草）带状间作保育性耕作、带状耕作、马铃薯与条播作物带状留茬保护种植、留茬深松免耕蓄水保墒耕作、等高免耕留茬种植、留茬免耕保护性耕作、玉米微集水保护性种植等技术模式及其关键技术与技术效果，以及不同保护性耕作的技术规程。

由于学术水平有限，书中有欠妥乃至错误之处，欢迎批评指正。

编　者

2010年8月

目　　录

第一部分

农牧交错风沙区保护性耕作技术模式研究

第一章　农牧交错半干旱风沙区保育性耕作技术

第一节　区域生产背景与技术创新思路

一、区域农业生产背景

农牧交错带半干旱风沙区位于西北牧区与华北农区过渡的华北农牧交错带，包括河北省坝上地区、山西省雁北地区及内蒙古中段南部的480万 hm^2 的丘陵山地半干旱农牧林区，该区耕地面积约160万 hm^2，草地面积133.3万 hm^2，人口380余万。区域资源环境为蒙民族游牧利用，成型农作至今只有百余年。百年来，粮食自足一直是区域土地垦殖方式与利用强度的决定性因素。新中国成立后，随着人口粮食需求的快速增长，垦草耕作愈甚，土地垦殖率最高时曾达46%。只有垦耕、疏于保护的土地利用在十分苛刻的环境背景下，导致了风沙、干旱等逆境频繁成灾，粮草产量低下，农村经济贫困。每年春季在强劲的西北风侵蚀下，少有植被的旱作农田与草地水土严重流失，土地起沙扬尘，不仅直接降低了本区域土壤生产力，而且威胁着下风下水地区的生态环境安全。

1. 大风频繁、土壤流失

农牧交错带半干旱风沙区地处我国北方季风的主通道，特别是冬春季节，受蒙古高压天气系统控制，加之区域地势高亢，下垫面平缓与少有植被，大风频繁，土壤强烈侵蚀。冀西北的坝上地区年平均风速高达4.5～5.0m/s，春季大风日数超过60d，局部犯风地段风蚀模数高达3 000t/km^2。干旱、没有覆被的农田与草地在大风侵蚀、携运下，成为重要的沙尘源。2000年3、4月份，连续13场沙尘天气途经本区袭击华北，造成了交通运输与民众福利的巨大损失。风蚀导致本区土地沙化，土壤肥力下降，所形成的沙尘直接危及下风地区生态安全与社会经济发展。

2. 低温少雨、土薄干旱

农牧交错带半干旱风沙区属中纬度地区，但受陡起的地势及处于夏季东南季风尾闾区的地理影响，低温少雨。区域海拔 1 000～1 700m，年平均温度 2～3℃，降水量 350～450mm，干燥度 2.0～2.3，属半干旱—半干旱偏旱气候带。区域土壤以玄武岩、花岗岩及其他岩石风化而成的残积、坡积体为主，形成以岗梁砂质栗钙土与洼滩壤质草甸栗钙土两类不同质地单元组成的波状高原地貌。由于成土作用弱，土层浅薄，贫瘠。土层厚度一般 20～60cm，耕层含砾 13%～21%，土壤全氮 0.08%～0.15%，有效磷 1.5～6mg/kg；0～100cm 最大有效水储量 113.5mm。贫乏的大气降水及有限的水养贮量与容量的土壤库，直接制约着区域植被生产力。在区域高寒干旱环境下，形成了以针茅—羊草群落为顶极的典型干草原自然生态系统，植被生物量低，多样性差，抗干扰能力弱。

3. 传统耕作、农牧低产

华北农牧交错区是华北农作历史最短的地区，以粮食增产与提供商品粮为目标的区域农垦，经过了解放初期短暂的辉煌后，出现了以干化、沙化、贫瘠化为特征的土壤资源“三化”退化，进入了农牧低产、经济贫困、生态退化的恶性循环中。因此，区域农牧生产一直落后于周边地区，特别是毗邻的长城以南的华北农区。据测算，在年均温 2.6℃、降水量 397mm 的张北县，作物光温水生产潜力 3 060kg/hm^2，只有华北农区的 1/10；春旱与夏旱的几率各有 46%，即每 5 年中就会出现一年因春夏旱相连而绝收；粮食生产的年际间变异系数高达 31.51%，超出河北全省 20.28 个百分点。极不稳定的降水与土壤水分环境，限制了人工辅助能的投入；只有垦殖、疏于保护的土地耕作利用，土壤肥力下降，作物产量低下。据资料分析，张北县土壤有机质 1960 年为 3.65%，1978 年降为 2.21%，1989 年为 1.5%；作物单产冀西北坝西四县平均，20 世纪 50 年代 649.5kg/hm^2，60 年代为 673.5kg/hm^2，70 年代降为 528kg/hm^2。区域草场只牧不养，盖度由 90%降到 44%，载畜能力由 6.75 降为 0.12 个羊单位/hm^2。区域天然优质草场年产量只有 3 750～4 500kg/hm^2。长期以人畜力投入为主的传统耕作技术，使资源耗竭生产成为农业生产系统退化的根本。

4. 土地超载、经济贫困

该区域为农牧生产结构，以莜麦、马铃薯、亚麻、春小麦等喜凉短季粮油作物，与牛、羊、兔、猪等草食家畜为结构特征。粮油产品绝大多数自给消耗，家畜以转化牧草及无价或低值作物主副产品为主，大部分作商品售出。区域长期粮油自给但不能自足的生产，使其农业经济一直处于封闭运行状态。同样畜牧业受制于草场面积及作物产量不能取得规模效益，而难以启动开放农业。农牧交错带半干旱风沙区人口密度为每平方千米 60～80 人，超过国际资源人口承载力标准——半干旱地区人口密度每平方千米 20～25 人的 1.4～3 倍；冀西北坝西 4 县畜群存栏量 320 万个羊单位，超过地区理论载畜量的 1/3。超载下的农畜生产，加重了对耕地与草场的利用强度，产生巨大的环境资源的负外部效应。封闭的农村社会经济系统无力吸收现代社会所创造的各种人工辅助能投入，系统增熵演化，而成为“环京津贫困带”中距国家首都最近、最为贫困的落后地区。

二、区域农作生产制约因素分析

面对土壤旱薄、农草低产与土地过垦、风蚀扬尘问题，农牧交错带半干旱风沙区自 20 世纪 90 年代，围绕调整作物生产结构、发展市场农业启动了以喜凉蔬菜为突破的农作制度改革。夏秋季节面向温热带地区销售的喜凉蔬菜高效生产，促进了区域以改善水利为核心的生产条件建设，实现了蔬菜的高产和稳产，快速增加了农民经济收入。进入 21 世纪后，随着国民对生活与生态质量要求的提高，农牧交错带抑制土地风蚀、固土减尘改善大气环境成为重要的社会需求。自 2000 年开始的退耕还林还草工程，启动了我国北方第一次主动的环境建设过程。由此，华北农牧交错带滩洼聚水农田补水种菜、坡梁风沙农田退耕种树还草成为区域土地利用的基本框架结构。然而，由于农田管理技术特别是土壤耕作技术配套滞后，农田的土壤水分流失、风蚀起沙扬尘仍然是区域农草生产低效、危害生态环境、制约农业发展的重要因素。

1. 蔬菜田少有残茬、土壤风蚀强烈

华北农牧交错带随着喜凉蔬菜基地的发展，菜田面积迅速增加，至今已达 4 万余 hm^2。蔬菜田大都分布在地势低平的滩洼地区，土壤为轻壤质或壤质的草甸栗钙土。以大白菜、白萝卜、圆白菜、芹菜等为主的蔬菜收获后，田面近乎没有植被覆盖。菜田免耕越冬，在相对较高的土壤基础含水量与冬春雨雪背景下，土壤特别是表层土壤频繁的冻融交替，致使表土粉碎疏松。进入春季 3、4 月份的大风季节，表土迅速干化，极易被风携运而成为沙尘源地。菜田的保土耕作技术创新与集成应用，成为区域农田固土减尘、促进蔬菜产业可持续发展的关键。

2. 林带间荒草低效、亟待保护性利用

华北农牧交错带坡梁旱地在国家补贴政策支持下，实施了约占原耕地面积 20%～30%的退耕还林还草建设，仅冀西北坝上地区至 2007 年退耕面积就有 15.0 万 hm^2。林带间人工种草限于草种生产力及疏于管护，一般生物产量只有原种作物的 43.4%～61.7%，而荒草地生物量则只有作物的 28.2%。退耕草地显著的生物产量降低率，不仅使理想中的“退耕-还草-养畜-赚钱”的良性循环，将畜牧业培育为区域主导产业，以解决近期利益与长远利益、生态问题和脱贫致富问题的目标难以实现，而且在牧草低产与退耕地禁牧背景下，存留草场与农田茬地被动叠加了载畜量，畜群啃食植被的负外部效应又直接加重了区域土地的退化。因此，退耕补贴期满之后的农民生计必须有法保障，退耕地林带间的土地保护性利用技术亟待突破。

3. 旱地水土匮乏、产量低而不稳

华北农牧交错带旱地占耕地面积的 95%以上，大多分布在地势较高的坡梁地带，土壤为栗钙土。由于成土作用弱并长期风水侵蚀，旱地土壤粗估贫瘠，保水持肥能力极差。旱地有限的作物产量在秸秆收获作为饲草背景下，农田冬春季节很少植被覆盖，土壤水土损失严重。区域旱地作物依靠雨养生产，然而受极不稳定的降水季节及降水量影响，春季常常由于干旱难以保证作物成苗；而夏秋季节的间断性旱情又会导致作物大幅度减产甚至绝收。因此，区域旱地的水土保育和适雨农作技术创新成为农草抗逆稳产、高产的关键。

三、区域保育性耕作技术创新思路

在生境苛刻、资环退化的华北农牧交错地区，进行如此高强度的农牧业生产，这完全是由我国人多地少、需求亢进、仍居"粮食国力"下的国情所决定的。在这片超载的土地上，我们不仅要更加高效地利用水、土、气候等资源提高农牧生产力，而且要改善、保育脆弱的生态环境，以求得区域社会经济的可持续发展，这成为农牧交错带半干旱风沙区农牧业生产的基本社会需求。以耕作措施为载体的土壤管理技术集成与创新，在保育资源环境、促进农牧增效方面有着关键的作用。区域保育性耕作的技术创新思路有如下考虑。

1. 粗糙地面，降风滞存土壤、阻拦地面径流

风力是造成华北农牧交错区农田水土损失的主要动力因素。大风导致土壤径向流失与起沙扬尘，损失本地区土壤肥力与农草产量，引起下风区大气污染与生态灾害。由大气环流所决定的风力运动人们很难干预，而致农田水土损失的风力主要取决于近地气流运动。依靠耕作技术创新，增加下垫面粗糙度，通过地气系统间的相互作用与物质、能量交换，降低风力传输强度成为土壤减蚀与滞留沙尘的关键技术。与此同时，粗糙化的地面不仅有利于冬春季节滞留降雪，而在夏秋季节可有效阻拦高强度降水所形成的田面径流，实现保水育土。

2. 覆被地面，固土减轻扬尘、降低水分蒸发

土面颗粒的质量是地表抗风蚀能力的基础。通过生物性，或物理、化学性物质覆被地面，以增大土面颗粒的质量与地表粗糙度，可有效提高农田抗风蚀能力。华北农牧交错带之所以土壤水土耗损、退化严重，除了恶劣的风水自然环境外，区域农草过度收获导致地面失去了保障土壤系统自我维持与更新必需的最低植被量，是更为重要的人为因素。因此，除了最大限度地采用作物留茬、促进秸秆还田外，探索与开发非生物性地面覆被措施与覆盖材料，以补充农草残茬与作物秸秆等覆盖物的不足，成为区域固土减尘、抑制土壤水分蒸发的重要技术创新方向。

3. 疏松土壤，保持孔性结构、纳蓄天然降水

华北农牧交错带地带性土壤为栗钙土，在寒旱气候与低产植被下发育，成土作用弱，土壤沙砾含量丰富。在常年翻耕下，较细的黏粒与不同粒径的沙砾混合，在降水拍击、农作踩压作用下，耕层沉实僵化。沉实的土壤容重增加、孔隙度减小，随着土壤的干旱，土壤作物根系穿透阻力迅速加大。因此，适度耕作更新与维持土壤孔性结构，成为促进作物根系发育、提高土壤纳蓄降水能力、实现作物稳产增产的关键。针对坡梁旱作农田，在传统耕作措施疏松土壤效果基础上，配套降低风速、覆被保土等技术，成为区域土壤保育性耕作技术体系创新的核心。

第二节　立垡覆盖保育性耕作关键技术

一、技术背景

农牧交错带半干旱风沙区为波状高原地貌，梁地与滩地镶嵌式分布，长期的坡梁地水土运移，奠基了滩洼地土壤的草甸化发育。滩洼草甸栗钙土农田土壤多为风水携运淀积的次生体，质地沙壤质，土壤养分含量较高；土壤水分得到坡梁地径流补充含量高，部分地势低洼地段受下潜流汇集与地面径流积存影响而成为湖淖或季节性水洼、湿地。由于地下水位浅，地势低平的地段随着春季的水分强烈蒸发，地表积盐明显，形成盐碱地，影响农田播种与草地前期生育。

滩洼地草甸栗钙土农田土壤基础肥力较高（表1-1），土壤容重较小，持水能力强（表1-2），为区域高产稳产田。

表1-1　典型草甸栗钙土土壤的化学性状

土层深度（cm）	有机质（g/kg）	全N（g/kg）	速效N（mg/kg）	速效P（mg/kg）	速效K（mg/kg）	pH
0～20	26.6	1.04	110.3	9.6	115	7.5

为了开发利用冷凉气候优势，发展市场农业，促进区域脱贫，自20世纪后期，华北农牧交错带大力调整作物生产结构，在地势低平的草甸栗钙土农田，发展水利，补水生产喜凉性根茎与叶菜类蔬菜——白菜、白萝卜、圆白菜、芹菜、胡萝卜等，夏秋季节销往温带与热带市场。“一亩*园，十亩田”的比较经济效益，使得区域蔬菜面积迅速扩大，至2007年已达4万余hm^2，成为我国第五大蔬菜生产基地——夏秋季北菜南运基地。然而，少有植被覆盖的菜田，冬春季节风蚀极其严重。于此，科技人员创新了草甸栗钙土菜田“立垡覆盖越冬保育性耕作技术模式”。

表1-2　典型草甸栗钙土土壤的水分物理性质

土层深度（cm）	容重（g/cm^3）	总孔隙度（%）	田间持水量		凋萎适度		最大有效水量	
			（%）	（mm）	（%）	（mm）	（%）	（mm）
0～20	1.22	53.96	34.45	68.90	8.70	17.40	25.75	51.50
20～40	1.32	50.19	43.97	87.94	10.36	20.72	33.61	67.22
40～60	1.27	52.08	47.09	94.18	9.97	19.94	37.12	74.24
60～80	1.39	47.55	23.87	47.74	10.91	21.82	12.96	25.92
80～100	1.66	37.36	15.44	30.88	6.44	12.88	9.00	18.00
0～100				329.64		92.76		236.88

* 亩为非法定计量单位，1亩＝667m^2。——编者注

二、技术模式特点

将农田生产活动分为两个时段，夏秋季节集约生产蔬菜；冬春季节保土抑制风蚀。创新农田晚播技术，最大限度地使作物生育需水与区域环境降水时序吻合，补充灌溉保障作物高产高效，提高水资源经济效益。

发挥草甸栗钙土农田水、土、肥资源优势，采用育苗移栽、地膜覆盖等晚播保水技术，夏秋季节农田精耕细作，栽培白菜、萝卜、圆白菜、马铃薯等喜凉性作物，提高经济效益；作物收刨后，趁墒采用铧式犁翻耕土壤，不再合墒，地表留存大量垡片，立垡越冬。冬春作物非生育季节，土垡随水分蒸发结块干硬、凸凹不平地覆盖于地表；期间的降雪随风滞留垡片的被风面，不会融化浸透土垡，引起冻融粉碎。冬春立垡覆被，起到提高地面粗糙度、降低近地风速、抵抗土壤风蚀、减降与滞留沙尘的保土效果。

三、关键技术

1. 土地选择

选择地势低平、土壤水分与养分基础条件较好的草甸栗钙土农田，土壤物理性黏粒含量在30%以上；具有补水灌溉条件的农田更为适宜。较为黏重的土壤，持水性强，秋耕后具有较好的土壤结持性，利于实现立垡越冬。

2. 作物选择

适宜选用精细管理的高效经济作物，以提供区域农民主要的农作收入，如蔬菜类作物大白菜、白萝卜、圆白菜、芹菜，以及胡萝卜、甜菜、马铃薯等。此类作物收获后近乎没有或极少存留残茬，不能实现地表植被越冬。稀植作物如油菜、油葵以及高产饲料作物青玉米、青莜麦等，在收获率高、留茬少时，也为适宜作物。

3. 保育性耕作技术

各作物一般于区域大风季节之后的5月下旬开始种植。作物种植前，趁雨或补水后整地播种。大白菜、圆白菜、甜菜等作物采用育苗移栽生产，将栽种期推迟至 6 月上中旬，这不仅可以有效避开大风季节，而且缩短本田期，减少农田耗水量。育苗移栽的蔬菜作物应采用机械化起垄覆膜栽培，起垄的同时施足底肥。在高寒的半干旱风沙区，地膜覆盖具有抗风保水、提高地温、促进养分释放与提早产品上市的多重功能，是增投、增产、增效的实用技术。各作物按丰产栽培进行雨养或补水生产。

作物收获后，采用不带合墒器的铧式犁，趁秋墒翻耕摞垡，立垡覆盖越冬。对于地膜覆盖的菜田，翻耕前要将地膜捡拾带离农田，回收或集中处理。

4. 配套性技术

稀植类经济作物，采用育苗移栽、地膜栽培技术，可最大限度地缩短本田生长期，延长春季田表垡片覆被时间，实现晚播避风抗蚀、降低农田耗水、稳产增收高效的统一。区域主要移栽蔬菜大白菜的育苗过程，需要较为严格的防抽薹技术控制（第七章第一节：立垡菜田大白菜防抽薹育苗晚种生产技术规程）。

四、技术模式注意问题

抑制起沙扬尘、恢复与重建以土地资源环境为核心的保育性耕作制度建设，是社会进步的公众需求，同时也是区域农民的生计所系，因此，兼顾社会改善环境、农民增加效益的农作制度创新与推广，成为实现目标的核心问题。农牧交错带半干旱风沙区生境苛刻、植被低产、农民贫困，以固土降尘为核心的保育性土壤耕作技术的创新与应用，还必须有与之相适应作物种植制度的改进作为支撑。因此，面向市场的以错季蔬菜为主的高效作物生产的经济拉动，与适宜性保护耕作技术的促动，成为区域农田环境建设的根本动力。

“立垡覆盖越冬保育性耕作技术模式”固土降尘机制缘于土壤的固有结持能力，通过秋季耕作的外力辅助，实现田表垡片覆被。因此，应用该模式的土壤选择成为技术成功的关键，质地较为黏重的草甸栗钙土土壤为宜。低位滩地较好的基础水分与具有补水灌溉条件，可保证秋耕时节土壤墒情，有利垡片的形成与保持。

五、技术适宜区域及其应用现状与前景

“立垡覆盖越冬保育性耕作技术模式”适宜在华北农牧交错带风沙半干旱区推广，区域包括河北省坝上地区、山西省雁北地区及内蒙古中段南部 480 万 hm^2 的丘陵山地半干旱农牧林类型区。该模式适用于地势低洼的滩地与补水农田，生产蔬菜、马铃薯等少有残茬存留的经济作物田；在冬季降水丰富的地区，该技术具有良好的阻滞降雪风吹功能。“立垡覆盖越冬保育性耕作技术模式”在河北坝上及周边蔬菜、甜菜、马铃薯田应用达 1.5 万 hm^2。随着国家对生态环境建设的日益重视，华北半干旱风沙区的种植制度与耕作制度的改革势在必行，以保水护土为核心的保育性农作制度的应用具有广阔的前景。

第三节　农林（草）带状间作保育性耕作模式关键技术

一、技术背景

农牧交错带半干旱风沙区地势相对较高的坡梁土地，大多为长期风水侵蚀而成的残坡积体，土壤为栗钙土，土层厚度 20～40cm，土壤质地多为沙壤质，耕层含砾 13%～21%；土壤有机质与养分含量低；土壤持水、供水能力差，部分坡度较大的地段存在降水径流。由于较高的地势，大多没有灌溉条件，农作物依靠雨水旱作生产。常常由于春夏干旱，农田难以保障安全成苗，或是“卡脖旱”而减产，甚至绝收。

坡梁地栗钙土农田土壤基础肥力较低（表 1－3），土壤容重较大，持水能力弱（表 1－4），为区域风蚀、低产的农田。

表 1－3　典型栗钙土土壤的化学性状

土层深度 (cm)	有机质 (g/kg)	全 N (g/kg)	速效 N (mg/kg)	速效 P (mg/kg)	速效 K (mg/kg)	pH
0～20	13.93	0.64	92.66	4.9	95.29	7.3

表 1-4　典型栗钙土土壤的水分物理性质

土层深度 (cm)	容重 (g/cm^3)	总孔隙度 (%)	田间持水量		凋萎适度		最大有效水量	
			(%)	(mm)	(%)	(mm)	(%)	(mm)
0～20	1.54	41.89	19.72	39.44	4.07	8.14	15.65	31.30
20～40	1.57	40.75	10.27	20.54	3.11	6.22	7.16	14.32
40～60	1.78	32.83	9.65	19.30	3.52	7.04	6.13	12.26
60～80	1.65	37.74	13.66	27.32	3.27	6.54	10.39	20.78
80～100	1.62	38.87	20.61	41.22	3.21	8.42	17.40	34.80
0～100				147.82		34.36		113.46

坡梁栗钙土农田是农牧交错带半干旱风沙区传统作物生产的主体，常年翻耕土壤在冬春大风季节风蚀沙化严重，导致本区农田肥力下降作物减产，同时起沙扬尘危及下风地区生态安全。农牧交错带半干旱风沙区的沙尘危害自 20 世纪 70 年代末就受到了国家重视，以防护林带为主的生态建设对区域沙尘孕灾环境治理发挥了重要作用。然而长期的局地生态治理与大面积垦草耕作、发展农牧经济的矛盾，使区域土壤风蚀、起沙扬尘的局面未有根本改观。进入 21 世纪后，随着国家对生态环境的更高要求以及毗邻的华北农区成为国家的商品粮供应基地，农牧交错带半干旱风沙区的土壤风蚀治理迎来了新的机遇。

自 2000 年，国家对江河源头与生态退化地区实施了“以粮代赈”，进行退耕还林还草的“一退双还”生态恢复与重建工程。力争在粮钱补贴期内，通过农业生产结构与经济增长方式的调整，实现区域农业由粗放向集约经营的本质性转变。面对退耕补贴期满后，林草生态恢复功能与区域农业经济增收的双重需求，国家科技支撑计划项目张北试验区，集成创新并实施了适于坡梁砂质栗钙土农田的“农林（草）带状间作保育性耕作技术模式”。

二、技术模式特点

限于农牧交错带半干旱风沙区高寒干旱、土地瘠薄的匮乏资源环境，区域退耕还林还草、恢复重建生态不仅周期长，而且经济效益低下。基于此，集成创新了生态—经济效益兼顾型的农林（草）带状间作保育耕作技术模式。

风沙地进行林草带状种植，林草种植带免耕多年生产，发挥冬春季节高量植被存留，减降风速、滞留沙尘的作用；林草带间按照固土减尘的保护性田间管理要求，选配种植一年生的经济高效农作物。随着林带的生长，带间植物生长资源逐渐匮乏，进一步选配多年生的地被植物实现稳定的生态稳定改善机制。林（草）与作物带在生态与经济目标方面通过空间分工合作，成为防风减尘的保护性农作制度。

农林（草）带状间作技术模式有林带间种植密植作物如亚麻，秋季高留茬越冬。如图 1－1。在管理条件较好的地区，林带间种植稀植地膜南瓜，秋季收瓜后，残膜瓜蔓覆被越冬。如图 1－2。

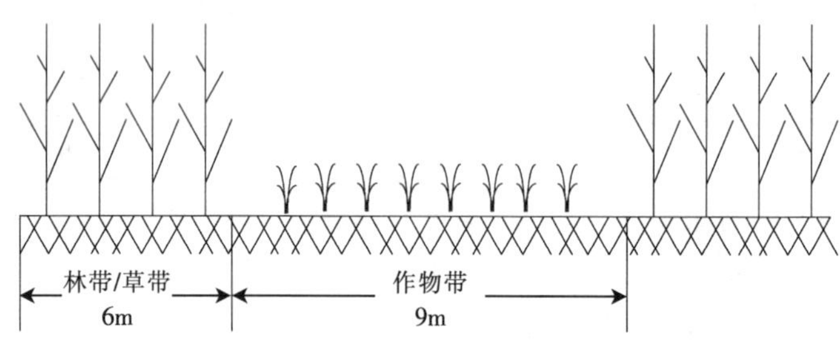

图 1－1　农林（草）带状间作密植作物模式

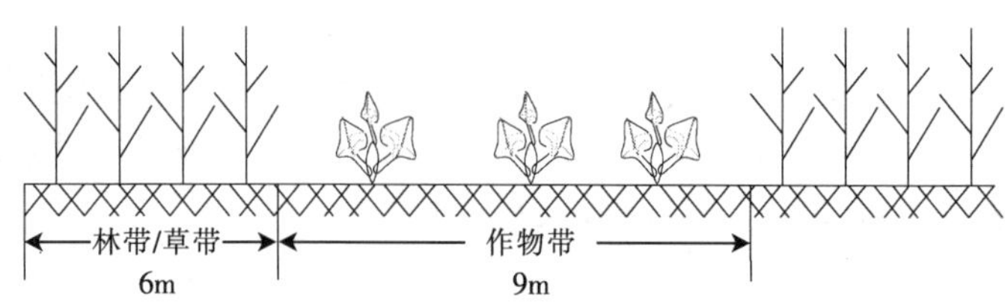

图 1－2　农林（草）带状间作稀植作物模式

三、关键技术

1. 土地选择

选择地势高亢的坡梁沙质栗钙土农田，土层浅薄，雨养旱作，作物产量及根茬残留量很少，土壤风蚀严重。

2. 带式配置

按照风沙地退耕生态建设工程要求，林（草）带宽 6m，植树则用 4 行式榆树或杨树，株行距为 1m×1.5m；林（草）带间距 9m。

3. 作物选择

选择作物的原则是尽量为高效益的经济作物。在农林间作 8 年之内，林木生长量小，基本不会对作物造成遮阴与水肥竞争，8 年之后，应选择相对耐阴、稀植的作物，或是多年生地被植物。据试验研究，传统经济作物选择亚麻、芸豆为宜；新兴作物稀植的小南瓜对林带间相对紧缺的资源环境，具有更好的利用效果。

4. 保育性耕作技术

作物间作带选用亚麻、芸豆时，按常规技术管理，秋收后尽量留高茬越冬或翻耕越冬，翻耕地不要合墒与耙耱。小南瓜采用地膜覆盖生产。在林带间离林带 2 m 和 4.5 m 处种植小南瓜，每个带间种植 3 行。南瓜种植行施用有机肥后旋耕整地，幅宽 1 m，随后采用覆膜机条施化肥、起垄覆膜一次完成，覆膜宽度为 90 cm。南瓜种植行形成保水富肥带，行间 2 m 免耕免管。小南瓜秋收后，残蔓与地膜覆盖越冬，春播时揭膜整地。

5. 配套性技术

保持林带间较大量的残茬覆盖越冬，以及晚耕晚种避开区域大风季节是林带间作的重要技术机制。为此，耕地与播种同步完成技术如芸豆耕播种植，以及育苗移栽技术如小南瓜温棚育苗种植，成为林带间作的重要配套性技术。

四、技术模式注意问题

以林带降低近地风速、滞留沙尘为主的生态建设，具有显著的生态效益，但限于区域匮乏的降水与土壤资源环境，林木生长缓慢，近乎没有经济效益。而对于受林带庇护、改善了资源环境的林带间土地来讲，适度利用开发经济效益成为退耕补贴期满后，这一生态建设成果能够持续运行而不“反弹”的根本；这也是促进区域由过去的耕垦农作为主向林草环境为主转变的过渡性技术。随着国家食物生产与供应的盈余，以林草为主的植被生产与适度的牧业利用，以及随着技术进步引选与开发多年生的地被性经济作物生产，将进一步优化区域植被生产结构。这是区域目前林农带状间作技术模式应用的基本背景，也是未来技术模式优化的基本趋势。

林草植被建设的成效与禁牧有关。农牧交错带半干旱风沙区为农牧兼业生产结构，畜牧业在当地处于残屑食物链地位，夏秋季节通过放牧转化草地生物量，冬春季节则依靠作物秸秆与副产品补饲维持畜群量。获取更多公共草场饲料成为区域畜牧业产值的主要来源，由此区域畜群放牧产生了显著的环境负效应。草地过度放牧与农田秸秆过度收获导致土壤失去植被保护，春季风蚀严重。因此，通过林农带状间作技术模式保育土壤环境，一个重要的背景就是要禁牧，尤其是林草建设的前期，树苗很小，被牲畜啃食或剥掉树皮后很难恢复。采用林农带状间作方式有利抑制生长季节放牧，促进林带快速生长。

五、技术模式适宜区域及其推广现状与前景

“农林（草）带状间作保护性耕作技术模式”适宜在华北农牧交错带风沙半干旱区推广，区域包括河北省坝上地区、山西省雁北地区及内蒙古中段南部 480 万 hm^2 的丘陵山地半干旱农牧林类型区。该模式适用于地势高亢的坡梁风沙旱地。

“农林（草）带状间作保护性耕作技术模式”在华北农牧区退耕还林还草农田示范推广，应用面积达 2.6 万 hm^2。随着林带的成型与国家退耕补贴期满，林带间土地的保育性利用成为区域农民生产效益的重要部分。继续深入探索与引选适宜的作物类型与品种，实现多年生地被性经济作物的突破，将有利于促进区域农林间种模

式的高级化。

第四节　关键技术

一、技术背景

在农牧交错带半干旱风沙区，主要的农田分布在地势相对较高的坡梁地上，作物长期雨养生产，限于土肥条件低产而不稳产。因此，坡梁旱地上土壤风蚀退化与农牧增产增效的矛盾最为突出。而基于放牧草地与补饲秸秆的区域畜牧业更使得农田留茬植被保护难以实施。

研究结果表明，在沙质栗钙土农田，免耕特别是连年免耕通过地表的沙砾化、硬化覆被以及作物留茬降低地表风速作用，可以显著地提高土壤的抗风蚀能力。与传统翻耕相比免耕降低风蚀可达80%～90%，与此同时作物减产30%～40%。

面对免耕作物减产问题，兼顾作物产量又要抑制农田起沙的总体思路，就是尽量缩小耕作区面积、或是农田耕作比例，预留免耕区或是增大免耕比例。利用免耕区减降沙尘、耕作区增产增效。与此同时，通过技术创新尽量推迟作物播种期，以避开区域大风季节。依此，国家科技支撑计划项目张北试验区，集成创新并实施了适于坡梁沙质栗钙土农田的“带状耕作技术模式”（Strip Tillage & Cropping）。

二、技术模式特点

“带状耕作技术模式”通过缩小耕作区面积、农田耕作比例以及推迟作物播种季节，促进抑制沙尘效果；以调整与改变作物结构，启动作物增产增收，兼顾生态—经济效益。该技术模式选择稀植的经济作物，力争在水土资源限制下，充分发挥区域相对丰沛的光照资源，提高水土资源利用的经济效益。

“带状耕作技术模式”按照作物株型特点选择宽带或窄带进行。宽带一般种植蔓生作物如小南瓜、小西瓜等，带宽1.5～2.0m，作物种植行进行耕作。为了最大程度低减小土体扰动，采用深耕旋耕机进行宽度 40～50cm、深度 30～40cm 的耕作，疏松土壤混拌肥料，为作物根系发育创造良好的土壤孔性结构。在 1.0～1.5m 的种植行间进行免耕，留有杂草生长。瓜熟后收获，瓜蔓与杂草等覆被越冬，起到土壤保育作用。窄带一般种植中秆分枝性作物如辣椒等，采用地膜覆盖，遇旱补水灌溉，保障产量。

三、关键技术

1. 土地选择

选择较为肥沃的沙质栗钙土农田，坡度较小，土层较厚，质地较细，临近村庄、道路地块为宜，以便作物保护与管理。

2. 带式配置

按照种植作物类型，蔓生的南瓜、西瓜等带宽 1.5～2.0m；辣椒等选择 1.0～1.2 m；考虑补水灌溉的便利。

3. 作物选择

选择高效益的经济作物。在水土条件相对较差的地块，选择稀植的作物如小南瓜、小西瓜以及甜瓜等蔓生作物。在水土条件更好的地块，选择辣椒等新兴蔬菜作物进行相对集约的生产，对紧缺的水土资源环境具有更好的利用效果。

4. 保育性耕作技术

稀植南瓜、西瓜时，种植行施用有机肥后采用深耕旋耕机旋耕整地，耕作幅宽 40～50cm，耕深 30 cm，耕后采用覆膜机条施化肥、起垄覆膜一次完成，覆膜宽度为 80 cm。南瓜种植行形成保水富肥带，行间免耕免管。南瓜、西瓜秋收后，残蔓、地膜与杂草覆盖越冬，春播时揭膜整地。

5. 配套性技术

尽量大比例地存留免耕土地与延长冬春季节的土地免耕的持续时间，是带状耕作保育土壤技术模式的关键。采用育苗移栽和地膜覆盖技术，可以大幅度地推迟大田种植期，可有效缓解春播干旱成苗困难的问题（第七章第三节：带状种植小南瓜生产技术规程）。

四、技术模式注意问题

“带状耕作技术模式”是以坡梁旱地农田局部面积进行水肥集聚作物生产，其余面积免耕免种发挥固土减尘效应的土壤保育性耕种措施。农田生产的主要目标是增产增效兼顾生态改善，因此水肥的高效率利用成为本模式的技术关键。在农牧交错带半干旱风沙区，气候干旱、土壤瘠薄、经济贫困，将有限的肥料集中施用与稀植作物的种植带，并覆盖地膜最大限度地抑制土壤水分蒸发损失，是实现带状耕作增效固土的基本机制；相应调整作物生产结构，致力经济高效生产与稳产是该模式应用的重要前提。本模式选用的小西瓜、小南瓜具有较好的抗旱稳产性与经济效益。

窄带模式有利于促进高效经济作物的集中规模化生产，有利于提高土地与劳动生产效率。选择水土基础较好的坡梁旱地，进行更为集约化的补水高效种植，有利释放出更多风沙农田退耕生态建设。农牧交错带半干旱风沙区作物低产且不稳产，主要障碍是农田水分，创造补水灌溉条件，采用地膜覆盖等节水栽培技术，可成倍增产，提高作物生产的稳定性。这成为区域坡梁旱地农作方式进步的重要方向。

五、技术适宜区域及其推广现状与前景

“带状耕作技术模式”适宜在华北农牧交错带风沙半干旱区以及黄土沟壑半干旱区推广，区域包括河北省坝上坡梁旱地地区、坝下黄土沟壑区、山西省雁北地区及内蒙古中段南部的丘陵山地半干旱农牧林类型区。该模式适用于地势高亢的坡梁风沙旱地，在较好水土基础农田，窄带模式有利于增产增效，提高劳动生产率及水肥利用效率。

“带状耕作技术模式”在华北农牧区示范推广，应用面积达0.5万 hm^2。随着以水土资源为核心的旱作基本农田建设的开展，特色高效经济作物的生产与土壤保育可持续利用，成为区域农作的双重目标，带状耕种技术模式对在水土资源匮乏、光照资源相对丰沛背景下促进作物高效生产，具有广泛的应用前景。

第二章　农牧交错半干旱偏旱风沙区保护性耕作技术

第一节　区域生产背景与技术创新思路

一、区域农业生产背景

根据陈建华等人（2004）的研究，农牧交错带的气候界线主要取决于降水量和风力状况，并以此把中国农牧交错带划分为东北、华北、西北、青藏、新疆和西藏等六段，其中华北段是我国最典型的农牧交错带，也称北方农牧交错带。北方农牧交错带以其自然地理位置、生物气候特点，范围上大致包括：锡林郭勒盟东南部、河北坝上、乌兰察布后山地区、晋北地区、毛乌苏沙地。这一区段的主体部分是在阴山北麓与晋北黄土高原，从总体上看，该区段是整个北方农牧交错带最典型的地段，沿我国长城沿线，毗邻五大沙漠，自然气候条件更为恶劣，农牧业生产力水平低而不稳，生态问题极为突出，是我国农牧交错带生态环境亟待治理的重点地区。阴山北麓地处北方农牧交错带的中段，宽度约 70～80 km，在整个农牧交错带中，属生态最为脆弱和最贫困的地区之一，是半干旱偏旱地区。主要包括乌兰察布市的四子王旗、察右中旗、察右后旗、商都县、化德县，包头市的固阳县和达茂旗，呼和浩特市的武川县，锡林郭勒盟的太仆寺旗和多伦县等。

1. 生态环境脆弱，农田严重沙化和砾质化

阴山北麓农牧交错带以丘陵和山地为主，由于降水稀少和土壤贫瘠，植被覆盖度很低，绿化赶不上沙化，建设赶不上退化。大部分地区的生态环境在继续恶化。1994 年内蒙古自治区规划确认阴山北麓农牧交错带地区水土流失面积占总面积的 75％，70％以上的耕地和草场沙化，并以每年2.5%的速度扩展。1993年统计50%的耕地已严重沙化和砾质化，其中四子王旗风蚀沙化面积占84.1%，达茂旗也在80%以上。水土流失面积占总面积的58.6%（马玉明等，1997）。南部山区和低山丘陵为主，是黄河泥沙的一个重要源区。据朱震达的监测资料，1975—1987年沙质荒漠化土地的年增长率达4.66%，大大高于全国农牧交错带1.39%的平均速率，是全国荒漠化最严重的地区之一，生态恶化的直接后果是灾害频繁和干旱加剧。

由于气候干旱和人为因素的影响，北方农牧交错带的生态环境局部得到治理，总体恶化的趋势没有遏制。沙化土地面积20世纪50～60年代每年扩展1 560km^2，70～80年代每年扩展2 100km^2，90年代每年以2 460km^{2}的速率扩大，其中土地沙化扩展现象尤为严重。据统计，该区草地退化面积占总面积的80%左右，草地退化、沙化、盐渍化，农田土地风蚀沙化严重，耕地土壤肥力下降，有30%左右的农田因风沙危害而减产，甚至绝收（郑大玮等，2000）。由于自然植被覆盖率降低，生物多样性退化，风沙日数在3个月以上。风、旱、冻、雪等灾害频繁发生，生态环境严重恶化，农业生产条件差，土地生产力下降。尽管该地区天然草地的初级生产力与北美同类草地和世界草地生产力的平均水平接近，但单位面积的畜产品仅为美国的1/27，世界平均水平的30%（郑大玮等，2000）。由于农牧业生产管理粗放，长期以来对草地资源的不合理利用，靠天养畜，特别是过度放牧，从而导致草场普遍退化，生产力平均下降30%～50%，这种人为干预的失控，使农牧交错带不但未能起到应有的生态屏障作用，反而成为生态环境破坏的主要源头之一，其沙漠化的迅速发展不仅给当地社会经济发展和生态环境带来严重危害，而且影响到周边地区的环境质量，已被列为全国生态环境建设规划重点治理区。

2. 雨少贫水，旱灾严重

阴山北麓是贫水区，西南部山地属黄河水系，东部属滦河水系，其余大部地区属内陆河水系。几乎所有河流都是季节河，夏季较大降水后出现短时径流，其他季节没有地面径流或很小。1994年内蒙古自治区农业厅组织的调查确认，除达茂和四子王两旗北部地区外，阴山北麓水资源总量为33.748亿m^3，可利用量为16.874亿m^3。由于单位面积的水资源数量少，开发利用的难度很大。年降水量最南部可达400 mm，大部分农区在250～300 mm之间，北部不足200 mm。变率为15%～22%，但具体到各月和各季的变率却大多在30%以上，尤其是冬半年。降水集中在夏季，一般占到全年的2/3左右，且多阵性降水，对丘陵旱坡地可造成明显的水土流失。秋季降水占全年16%～22%，春季占11%～15%，冬季只占2%～3%。年降水日数74～92d，但5 mm以上的有效降水较少。

干旱是阴山北麓地区最严重的自然灾害，平均每10年发生中度以上的干旱6.8次。其中又以春旱为最频繁和严重，如2000年5月上旬武川县的旱地小麦和马铃薯0～30 cm平均土壤含水量都下降到4.2%，难以出苗，有些地块的干土层厚达20 cm以上。但对农作物威胁最大的还是6～7月的“卡脖旱”，1999年武川县夏季降水比常年少4成多，气温却比常年高出2.5℃，出现罕见的高温干旱，致使旱地所有作物发生萎蔫，粮食总产比上年减产约4成。秋旱发生频率虽相对较少，但仍可对粮食灌浆造成不利影响，并使次年春季的底墒不足，加剧了春旱，导致出苗保苗难。

3. 人口密度过大，掠夺性开发普遍

农牧交错带自然承受能力的理论人口密度为20人/km^2左右。目前内蒙古农牧交错区为48～59人/km^2。人口的增加，以及土地过度垦殖、粗放耕作，草地超载放牧、滥挖滥搂等人类过度干扰行为，对稳定的天然植被起了很大的破坏作用。人类的生存和生产活动，成为该区域可持续发展的重要制约因素。随着人口增长过快和不合理的超强人类活动，人口在短短的50多年里增长了近3倍。人们为了增加粮食生产，一条途径是增加耕地面积，另一条是提高单产。但在20世纪80年代以前科技进步缓慢，许多自然草场被开垦，天然草场也日益超载，不断退化。以阴山北麓半干旱偏旱农牧交错带为例，目前的人口密度达每平方千米 36 人，大大超过联合国粮农组织提出的半干旱地区每平方千米 20 人的适宜人口密度。经济长期处于落后状态，根本原因在于落后的传统农业生产方式。20 世纪 80 年代以前根本不施化肥，20 世纪 90 年代中后期化肥用量才有明显的增加，但大大低于全国水平。如武川县直到现在大部分农田平均养分输出仍大于肥料的输入，即仍存在对土地原有养分的掠夺性生产，平均每公顷化肥施用量为 43.8 kg，仅为全国平均水平的 10.2%。除马铃薯外一般不施有机肥，大量丘陵旱地根本不施肥。长期以来满足于向自然掠夺性的开发，忽视生态环境的保护和培肥地力。

4. 农牧业生产力水平低而不稳

农牧交错带多年来一直沿用落后的“弃耕”和“休闲”制，刚开垦的土地土壤肥力较好，种植几年农作物后，原来几十年积累的土壤肥力下降，被迫放弃耕作，造成表土随风流失。现在多数地区仍采取广种薄收的耕作方式，加上农田水利设施落后，农作物种类单一，新品种缺乏，种植技术落后，农作物单产水平不高。以阴山北麓区域为例，主要作物 2006—2008 年的生产水平为马铃薯（折粮）单产每 667m^2 为 101.1kg，莜麦 71.1 kg，油菜 73.6kg，小麦 88.5kg，平均 83.6kg。农业生产抗灾能力低，通过分析内蒙古武川县多年粮食生产水平表明，粮食单产经历了掠夺增产、退化减产、增投增产、高投不稳的四个阶段。

从畜牧业来看，草地畜牧业生产效益走低。该区目前畜牧业生产中存在的主要问题是牲畜数量多、严重超载，而且畜群结构不合理，导致草畜矛盾尖锐，草地“三化”严重，生产力水平低下。近年来，该地区受一些错误思想的引导和利益驱动，盲目发展“头数”畜牧业，加上开垦耕地使草地面积减少，草地第一性生产不能满足家畜的需要，草地退化严重。据调查，农牧交错带 90%以上的草地出现不同程度的退化，因过度开垦和过度放牧造成荒漠化的土地面积占全国总荒漠化土地的 45%，已成为我国自然植被破坏最严重的区域。河北坝上地区的草原平均产草量较20世纪50～60年代下降30%～50%，而且草质明显下降。草地群落结构简单，土壤结构恶化，主要植物营养含量普遍下降，许多天然草地已成为次生裸地。

5. 生产技术发展缓慢

主要靠自然降水进行农业生产，属于一年一熟制农业区域，雨水保蓄和利用率很低，降水保蓄率多数在70%以下。降水利用率多数在50%以下，作物水分利用率目前每667m^{2}为0.3～0.4kg/mm。由于水资源的严重不足及季节和区域分布极不平衡，干旱持续时间长，波及范围广，春旱、伏旱和夏秋连旱时有发生，造成区域旱作农业生产水平低且很不稳定。不同年型生产水平差距大部分在30%以上，其中阴山北麓11个旗县丰水年（2008年）的粮食平均单产比干旱年（2007年）高66.3kg。除了自然条件与经济条件差以外，与当地农民的科学文化素质低有直接的关系。在这个地区，农村经济发展落后是现象，科学技术推广应用水平低是原因，劳动者科学文化素质差是本质。科学知识普及和技术推广工作薄弱，农民的科学文化素质教育落后，是该区域社会和经济发展落后的根本原因。

6. 基础设施薄弱，农机化程度低

由于经济发展滞后，农业基础设施建设比较缓慢，特别是水利设施差，严重缺乏集雨补灌设备，大部分旱作旗县的水地不足10%，而且以土渠引水灌溉为主，加上长期处于贫困状态，投入严重不足，以低效肥料（碳酸氢铵）、低价种子、低效劳动（人工）等低投入方式为主，丰水年的增产潜力不能充分发挥，欠水年的作物抗旱能力不能提高的现象普遍存在，形成农业生产风险很大与投入少的生产现状。只有大规模改善基础设施与配套设备严重缺位的状况，才能更好发挥该区域进一步提高粮食、生态安全的作用。

内蒙古阴山北麓地区人均耕地0.393hm^2，仍然以传统耕作技术为主，机械化装备水平处于自治区最低水平，主要以小型农机具为主，缺乏大型深松、免耕、中耕除草、追肥和收获等机具，大型联合机具更少。目前农机具的装备水平与耕地深松平整、精量播种、复合肥料等现实农艺措施还不能完全配套，造成农艺措施与农机使用上的脱节，现代机具与粗放耕作配合作业的现象也很普遍，增大了生产的风险和不稳定性，迫切需要完善配套旱地专用的农机具。

二、区域农作生产的制约因素分析

1. 干旱频繁，蒸发量大

该区域旱灾发生最频繁，影响最大，近 100 年来内蒙古农牧交错带干旱年保持在 75%左右，特大干旱平均 7 年 1 次。近 50 年来旱灾发生频率，在农区干旱年发生频率为 65%，其中重旱占 33%；牧区干旱年发生频率为 76%，重旱占 29%。

区域空气干燥，蒸发量大。年平均相对湿度为 50%～59%，以降水最多的 8 月最大，为 66%～71%，5 月最小，为 36%～44%。该区域年蒸发量 1 993～2 752 mm，为年降水量的 5～11 倍，从南部高海拔山区向西北部荒漠逐渐增大。一年中春季蒸发量最大，其中 5～6 月平均每天的蒸发量大多在 20 mm 以上。即使在相对多雨的夏季，蒸发量仍明显超过降水量。降水特征决定了本地区的干旱以春旱为最严重，特别是 5～6 月第一场透雨的早晚往往在很大程度上决定着全年的收成。因此，在该区域为保住作物产量，急需采取降低土壤水分蒸发量、保住春季土壤墒情的耕作措施。

2. 风多风大，尘暴频发

大风和风沙也是阴山北麓常见的灾害。年平均风速 3～5 m/s，春季为 4～6 m/s。全年 8 级以上大风天数平均在 20～80d，从南向北增多。大风把地面沙尘卷起，飘浮空中，使空气浑浊，水平能见度小于 1 000m，称为风沙天气，其中风速大于 17m/s 的强烈风沙可形成沙尘暴。阴山北麓全年风沙天数平均为 8～15d，由南向北递增。风沙和沙尘暴以春季为最集中，这是由于春季土壤化冻后十分疏松，植被覆盖度又低，地面升温迅速，又容易出现低压天气，有利于形成大风和上升气流把地面沙尘卷起。由于旱作农田长期沿用裸露耕作制，使土壤失去保护，风蚀沙化日益严重，扬沙和沙尘暴次数从20世纪80年代的每年10次左右增加到现在的20～25次，风力侵蚀模数高达2 000～10 000 t/（km^2·a）。尤其是2000年3月2日以来，全年北方地区特别是北京、天津及周边地区共发生了13次扬沙和沙尘暴天气，2002年春天我国又经历了历年来罕见的沙尘暴和扬沙天气。在不到50d的时间内，先后9次严重的风沙天气袭击首都北京，对周边的影响也是巨大的。沙尘暴过后大片良田被毁，农田不同程度遭受风蚀和流沙压埋。

3. 坡多土薄，土硬质差

该区域从南向北地势逐渐低平，地貌依次从中山、低山丘陵、缓坡丘陵到波状高原。海拔高度在1 000～2 500 m，大部分丘陵的相对高度为50～100 m，坡度3°～12°。由于降水由南向北递减，宜林地主要在南部山区和山前丘陵等相对多雨地区。到中北部的丘陵，由于气候干旱和土层薄，只能生长一些耐旱灌木和牧草。宜农地主要分布在丘间盆地、谷地、河流阶地、河漫滩地和土层较厚的缓坡地。但是近百年来由于人口的增长和广种薄收的粗放生产方式，已经把大量不适合农耕的丘陵地和草地开辟为农田，导致严重的风蚀和水蚀。

阴山北麓的土壤分布具有明显的地带性，属典型草原向荒漠草原过渡的土壤类型。北部和西北部为棕钙土，南部为暗栗钙土，中部为淡栗钙土。土层厚度和土壤肥力均由南向北递减。有机质一般为1%左右，但风蚀沙化严重的土壤有机质含量普遍不足1%。土壤容重在1.5～1.7 g/cm^3之间。土壤障碍层有多个，除犁底层外还存在钙积层、沙层或干土层。主要是栗钙土，由腐殖质层、钙积层和母质层三个基本层次组成。腐殖质层厚25～50 cm。钙积层的厚度为20～70 cm，出现深度在20～50 cm不等，钙积层非常黏重，持水量虽大，但根系很难穿透，是本地区主要的土壤障碍层。

越往北，钙积层出现越浅，土壤中可利用水分越少。丘陵上部和顶部还经常出现砂层或干土层，分布较浅，肥力极低，前者不易保水，后者水分含量很少。

三、区域保护性耕作技术创新思路

针对阴山北麓农牧交错带农田水蚀风蚀严重、低产不稳和土地荒漠化等问题，从改善脆弱生态环境与传统耕作制入手，研究控制风蚀、水蚀的关键技术及应用模式，建立适合农牧交错带半干旱偏旱地区应用的集雨型、防沙型及蓄水保墒型耕作方式，为北方旱区农牧交错带农业的可持续发展提供生态、经济双赢的技术集成与示范模式。根据北方农牧交错带旱作农田严重的水土流失和风蚀沙化问题，在调查分析传统耕作方式和国内外现有技术应用中存在问题的基础上，以系统科学和可持续发展理论为指导，以既能控制水蚀、风蚀，又能增产增效，成本低和易操作的关键技术为突破口，采取农民参与式研究，组装配套各项旱作适用技术，研究适应农牧交错带自然和社会经济条件的保护性耕作制及相应的技术体系，试验、示范、推广相结合，政策引导、技术指导与物质投入相结合，力争生态、经济效益的同步实现。

1. 带种留茬，降风减蚀

马铃薯是阴山北麓农牧交错带主栽作物，是农民重要的经济收入来源，大部分旗县马铃薯种植比例在50%以上，甚至有的旗县高达70%以上。马铃薯种植与收获后，农田土壤裸露，极易起沙扬尘。采用马铃薯与小麦、燕麦、谷子和油菜等条播作物带状间作，条播作物秋季收获留高茬20～30cm，以保护马铃薯收获后的裸露耕地。第二年，马铃薯带再轮作条播作物，条播作物带则轮作马铃薯或免耕种植其他条播作物。通过条播作物留高茬措施，降低风速，保护冬春马铃薯裸露带，以降低风蚀。

2. 覆盖深松，抑蒸蓄墒

针对阴山北麓地区风大、干旱等问题，作物收获后，用联合收割机或割晒机收割作物，割茬高度控制在20～30cm，并用残茬覆盖，覆盖度不低于30%，用联收机收获时注意将秸秆粉碎后抛撒均匀，春季再用免耕播种机播种作物。通过根茬和秸秆覆盖措施，可以降低土壤蒸发量，达到保墒效果；通过秋季或春季深松措施，蓄积雨水，促进根系的生长。

3. 等高免耕，集雨防蚀

针对区域坡耕地土层薄、肥力低、冬季严寒施工期短，应用一次建成水平梯田易打乱土层，建成初期产量下降、且费工耗时成本高等问题，采取在坡耕地上等高一次筑埂，逐年定向耕翻、平地与逐层熟化土壤。改水平梯田的一次人工平地为三年定向渐平，改坡式梯田的每年筑埂为一次筑埂，避免了打乱土层造成的当年减产，解决了施工期短、劳力不足和当年投资大等一系列问题。改跑水、跑肥、跑土的旱坡地为三保田，达到了基本控制水土流失，显著提高降水利用效率的效果。在此基础上，进行等高免耕种植燕麦、小麦、谷子等能够留茬作物，可以降低雨水径流量及提高集雨效果，降低坡耕地的水蚀和风蚀，增加作物产量。

第二节　马铃薯与条播作物带状间作留高茬种植技术

一、技术模式的形成条件与背景

内蒙古阴山北麓农牧交错带是我国风蚀沙化较为严重地区，生态环境十分脆弱。由于长期采用传统的耕作方式，形成了大量裸露、疏松耕地，尤其是在冬春季节，气候干燥又多大风，致使大量农田退化甚至沙化，成为沙尘暴的源地，加剧了区域生态环境的恶化。近十余年来，在科技部、农业部和内蒙古科技厅和农牧业厅等有关部门资助下，中国农业大学、内蒙古农业大学和内蒙古农牧业科学院、内蒙古农业机械化推广站等单位会同地方有关农业技术部门开展了大量的保护性耕作技术研究工作，其中作物留高茬免耕覆盖种植技术和马铃薯与条播作物带状间作留高茬技术是该地区较为有效的保持水土、减轻农田起沙扬尘和增加作物产量的保护性耕作技术，尤其是马铃薯与作物带状间作留高茬种植技术，一方面可以在农田冬春休闲期通过作物留高茬带对马铃薯收获后的农田裸露带进行保护，减少土壤风蚀的发生；另一方面作物生长期又可有效利用边际优势来提高农田的经济产出，是一种兼有经济效益和生态效益的保护性耕作类型。

二、关键技术

1. 土地选择

选择较为肥沃的沙质栗钙土农田，坡度较小或者平地，土层较厚，质地较细。

2. 带式配置

从防风蚀效果和便于机械作业考虑，马铃薯和条播作物种植带均按 6～10m 进行，如种植带过宽防风蚀效果会减弱，种植带过窄不利用机械耕种，降低生产效率（图 2－1）。

3. 作物选择

条播作物选择有燕麦、小麦、谷子和油菜等。其中，燕麦和小麦收获时留茬覆盖度较高，降低风速、减少风蚀效果较佳，且又是轮作倒茬较好的作物，其种植模式增产增收效果好。

4. 留茬高度

燕麦、小麦、谷子和油菜等条播作物带状间作，条播作物秋季收获留高茬 20～30cm，具有较好的防风减尘的效果（图 2－2）。

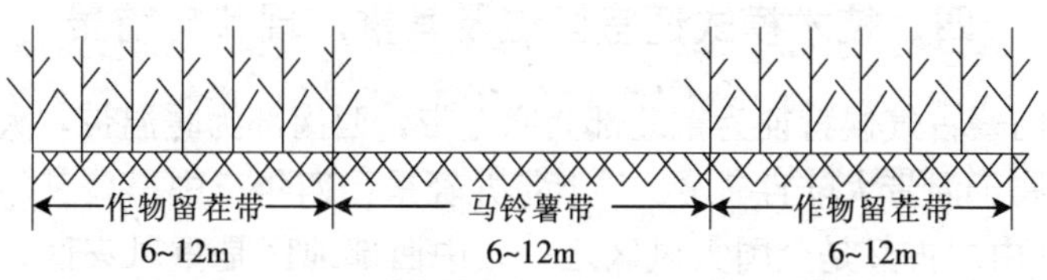

图 2－1　马铃薯与条播作物带状间作留高茬种植技术模式示意图

图 2-2　马铃薯与条播作物带状间作种植与留高茬

三、技术模式注意问题

一是风沙地区，马铃薯与条播作物带状间作留高茬种植的带宽越窄控制风沙效果越好，但要机械化种植马铃薯和条播作物的作业相适应，一般作物种植带少于 4m。

二是燕麦、小麦、谷子等禾本科作物与马铃薯带状种植时，马铃薯带或禾本科作物带喷施除草剂时要注意防止相互药害的发生。

四、技术模式适宜区域及其推广现状与前景

内蒙古气候特征为东北部为寒温带，西南部为暖温带，大部分地区属于温带大陆性气候。“十年九轻旱，四年三中旱，三年一大旱。”内蒙古又是全国大风区之一。中西部地区是重风灾区，每年吹走表土 2～3cm，造成草场被沙埋，农作物毁种以及土地沙漠化，是京津地区沙尘暴的主要源地之一。作物留高茬免耕覆盖种植技术

和马铃薯与条播作物带状间作留高茬种植技术等保护性耕作技术，具有保土保水和蓄水抗旱增产效果，因此在内蒙古具有广泛的推广价值。为加大内蒙古保护性耕作技术的实施，科技部、农业部先后把保护性耕作技术列为“十五”、“十一五”期间的重点农业技术，支持内蒙古示范推广。目前，内蒙古采用保护性耕作种植技术面积已经超过 60 余万 hm^2。按照《内蒙古自治区人民政府关于实施保护性耕作的意见》，在“十一五”末期，全区推广范围将达到 85 个旗县。因此，在内蒙古开展保护性耕作技术研究符合国家和内蒙古科技发展要求，是解决内蒙古农田风蚀沙化、退化，提高农业综合生产能力、改善生态环境、促进农业可持续发展的理论和实践迫切要求，其技术应用前景十分广阔。

第三节　留高茬深松免耕蓄水保墒耕作技术

一、技术背景

从 2000 年开始，阴山北麓地区先后承担了农业部、内蒙古自治区、中国农业大学及内蒙古农业大学保护性耕作试验研究、示范推广、实施效果监测和杂草控制技术等项目，至今已连续进行了 10 年。特别是 2006 年国家科技支撑课题“农牧交错风沙区保护性耕作技术集成研究与示范”实施以来，项目结合国内外多年成功的经验，通过实地考察加拿大及国内有关保护性农业的先进经验，进一步完善了技术体系，初步摸索出冷凉风沙农牧交错区实施保护性耕作的技术模式和配套机具系统，并以武川县试验研究基地为核心建立了适于阴山北麓地区的深松蓄水保墒耕作技术模式。

二、技术模式与特点

深松蓄水保墒耕作技术模式以保护农业生态环境、促进农田可持续利用和节本增效为目标，以秸秆覆盖留茬还田、深松作业为主要技术内容，具有防治农田扬尘和水土流失、蓄水保墒、培肥地力、节本增效、减少温室气体排放、促进农业可持续发展等作用。具体有以下几个方面的效果：

1. 节约成本，提高产量

深松耕作取消铧式犁翻耕，采用机械化复式作业，可减少作业工序1～2次，每667m^2可节支10～17元，与传统耕作相比，小麦、莜麦和油菜产量增加5%～7%左右。

2. 蓄水保墒，培肥地力

留茬覆盖深松可增加冬季积雪量和蓄水量，可提高春季播种前土壤含水量5%～10%，增强蓄水保墒保肥能力，实现农田可持续利用。

3. 保护土壤，减少风蚀

深松耕作留茬覆盖保护，比耕翻后裸地减少风蚀50%以上，大面积实施可以有效抑制“沙尘暴”。

4. 节能降耗，减少温室气体排放

深松耕作减少机具作业次数，直接降低了燃油排放；通过秸秆覆盖还田，可以减少CO_2的直接排放量。

三、关键技术

1. 收获留高茬20～30cm

用联合收割机或割晒机收割作物，割茬高度控制在20～30cm。次年春季用免耕播种机播种作物。

2. 采用化学除草技术

麦类作物苗期用2，4-D-丁酯或二甲四氯钠、骠马；遇披碱草等恶性杂草可在秋收后使用草甘膦喷施处理。

3. 深松技术要求

深松的主要作用是疏松土壤，打破犁底层，使雨水渗透到深层土壤，增加土壤储水能力，且不翻动土壤，不破坏地表植被，减少土壤水分无效蒸发。深松后虚实并存的土壤结构有助于气体交换、增强地力。深松是少、免耕保护性耕作技术的主要内容。

深松有全面深松和局部深松两种。全面深松是用深松机在工作幅宽上全面松土；局部深松是用深松机按一定的间距进行间隔松土。

深松既可以作为秋收后主要耕作措施，也可用于春播前的耕地、休闲地松土、草场更新等。其具体形式有全面深松、间隔深松、深松浅翻、灭茬深松、中耕深松、垄作深松、垄沟深松等。

四、技术模式注意问题

一是刚开始采用免耕播种的地块，首先要进行秋季深松，打破犁底层，以后视土壤容重进行，当土壤容重大于 1.26g/cm^3 时，采用深松作业。深松时最好在秋季收获后随即进行，要求土壤含水率在 15%～22%。黏重土壤深度一般为 30～45cm，沙性土壤不应超过 35cm。板结土壤深松后需及时镇压。

二是杂草太大特别是恶性杂草披肩草多的地块不宜免耕种植小麦、燕麦；灰叶藜、黄花蒿多的地块不宜免耕播种油菜籽。

五、技术模式适宜区域及其应用现状与前景

留高茬松蓄免耕模式适合在年降雨量 250～800mm 的旱作农田应用，对土壤的类型一般没有限制，但对黏重排水性能差的土壤实施要慎重。经内蒙古武川县 8 年试验推广证明，本模式与传统耕作相比较，可以有效增加土壤贮水量，减少土壤水分蒸发，节约作业成本，促进农业的可持续利用。

第四节　等高免耕留高茬集雨防蚀耕作技术

一、技术背景

近年来，在我国北方丘陵旱作区基本农田建设中，渐成式等高梯田工程等项技术，已经成为综合治理 3°～15°丘陵坡耕地水土流失和增产增收的关键技术措施。该技术是 20 世纪 90 年代由中国农业大学、内蒙古农牧业科学院等多家单位在阴山北麓研究开发出的

坡耕地集雨丰产创新技术模式，于2005年制定出《渐成式等高田技术规程》，并由内蒙古自治区质量技术监督局发布实施。经过多年试验示范表明，在坡耕地上实施该项技术，可有效降低坡耕地的水蚀。2006年开始，在国家科技支撑项目“农牧交错风沙区保护性耕作技术集成与示范”课题的资助下，内蒙古农业大学、内蒙古农牧业科学院在渐成式等高梯田上，进一步开展了作物留高茬覆盖和免耕种植技术集成与创新，其不仅可以有效控制水蚀和风蚀，还有利于减少蒸发，增加旱坡耕地土壤有效持水量，提高作物产量。

二、技术模式与特点

该技术是以缓坡丘陵为单元，针对旱坡地雨季水土流失与冬春风蚀严重，土壤沙化、退化和产量下降的问题，根据丘陵坡地不同部位的水分、养分、土层结构、土壤粒级和生物量分布差异很大的实际，应用适地适作原理，建立自上而下实行“草业冠、等高田、树封沟”的生态治理模式（郑大玮等，2000），在等高田上沿着等高线实施春季免耕种植、秋季留高茬与秸秆覆盖，起到了有效的降低水蚀风蚀和增产效果。具体有以下几个方面的效果：

1. 集雨保墒，培肥地力

留茬覆盖在夏季具有集雨控制径流效果，冬春季可增加积雪量和蓄水量，可提高春季播种前土壤含水量，增强蓄水保墒保肥能力，实现农田可持续利用。

2. 保护土壤，减少风蚀

在等高田上进行免耕留茬覆盖，由于下垫面粗糙度增大，可显著降低近地面风速减轻风蚀。比耕翻后裸地减少风蚀50%以上，大面积实施可以有效抑制坡耕地引起的“沙尘暴”。

3. 节约成本，提高产量

免耕留茬覆盖，采用机械化作业，可减少作业工序1～2次，节省成本，与传统等高耕作相比，小麦、莜麦和油菜产量增加10%左右。

三、关键技术

1. 土地选择

选在已建成的渐进式等高田或者坡度较小、土层较厚、质地较细的坡耕地，尤其是容易引起水蚀的地块。

2. 作物选择

为达到留高茬目的，应选择适宜密植与留高茬的燕麦、小麦、谷子、糜黍及油菜等作物。

3. 免耕留茬等高种植

在已建成的渐进式等高田上或坡度较小的地块上，秋季用联合收割机或割晒机收割作物，割茬高度控制在 20～30cm，将秸秆覆盖地表更佳。春季再用免耕机播种沿等高线种植燕麦、小麦、谷子、糜黍、油菜等密植作物。

4. 配套技术

渐进式等高田建设技术，主要是高坡度一次筑埂，低坡度种植生物篱，集雨熟化培肥土壤的技术，截流挡风墙与定向耕翻等。

四、技术模式注意问题

一是该模式主要适宜于以丘陵地貌为主的农牧交错带应用。其中渐成式等高田适宜在降雨量 250～400mm、土层较浅、坡度 3°～15°的丘陵区应用。

二是干旱年份注意带水播种。为有效防止水蚀风蚀和保墒，高留茬同时有秸秆覆盖效果更好。

五、技术模式适宜区域及其应用现状与前景

内蒙古农牧交错区旱作坡耕地面积占全区耕地的 70%以上，这些耕地均有不同程度水蚀风蚀情况。经在内蒙古武川县和清水河县多年试验示范表明，本模式与传统等高种植比较，可以有效降低坡耕地雨水径流，增加土壤贮水量，减少土壤水分蒸发，节约作业成本，促进农业的可持续发展。

第三章　农牧交错干旱风沙区保护性耕作技术

第一节　区域生产背景与技术创新思路

一、区域农业生产背景

宁夏中部干旱带总面积 2.87 万 km^2，占宁夏回族自治区总面积的 43.7%，现有耕地 20 多万 hm^2，人口约 150 万，占全自治区总人口的 26%。年降水量 180～350mm，年蒸发量 1 210～1 600 mm 以上，植被覆盖率不足 10%，高程 1 500～2 400m，属丘陵山地相间地带，地势比较平坦，便于开发，台地与山间平原占 81.9%，荒漠化面积占总土地面积的 70%以上。全国自然区划中属西北干旱区域干旱中温带的内蒙古高原西部区。东、西分别被毛乌素沙地与腾格里沙漠包围，是我国西北沙尘暴的主要源地之一。目前已有 6.67 万 hm^2 扬黄灌溉，72 万 hm^2 压砂地，另有可供开垦荒地近 66.7 万 hm^2。

农作物以一年一熟为主，主要作物有小麦、玉米、马铃薯、油用向日葵、糜、谷、压砂西瓜等。大部分农田冬春季节基本裸露，风沙危害十分严重，农作物产量甚低，冬春季节土地扬沙起尘，流沙淹没土地，不仅直接降低了农田生产力，还助虐了沙尘暴发生。因此，该地区实行保护性耕作意义重大，易见成效。主要目标是减轻农田侵蚀量和沙尘量。

1. 风大风多，沙暴尘频繁

宁夏中部干旱风沙区冬春季节受蒙古高压天气系统控制，大风频繁，≥5m/s 的起沙风年出现次数 80 天以上，极易扬沙起尘，年输沙模数 2 000～12 000t/km^2，基本没有植被覆盖、土壤水分极低的农田与荒漠草原在西北风的侵蚀下，与周边沙漠与沙地的扬尘相呼应，形成遮天蔽日的暴尘天气，不但导致农田沙化、土壤肥力下降，还对交通运输、城市环境造成巨大危害。

2. 旱灾频发，水资源严重短缺

宁夏中部干旱风沙区深处内陆，距东海、黄海、南海均在1 200～1 500km以上，大陆性气候特征明显，干旱少雨，蒸发强烈，年降水量180～350mm，主要集中在7～9月，并多以暴雨和冰雹等灾害形式出现，年平均水分蒸发量1 210～1 600mm，干旱指数4～8，旱灾频繁，素有“十年九旱，三年两头旱”之说。农作物因干旱平均每年减产2.0亿kg，损失1.32亿元。宁夏中部风沙区水资源量多年平均仅为1.852亿m^3，平均每667m^2耕地为51m^3，仅为全国平均值的1/11。近二十多年来，国家投资发展的扬黄灌溉，也仅受益于局部地区。

3. 耕作粗放，农作物产量低

按照国际粮农组织划分，本区域属于不宜农耕区，但迫于人口压力，农耕在本区域内仍是主要经济活动之一。由于地处贫困地带，旱灾频发，农民缺乏农业生产所需的基本投入，农业生产一直还处于自给自足、甚至不能自足的传统封闭状态，旱地粮食作物的产量平均每677m^2只有100kg左右，特大干旱的1973年，夏粮单产每667m^2仅6.1kg，秋粮产量也只有15.1kg。自1949年以来，夏秋粮作物单产几乎没有提高。

二、区域农作生产的制约因素分析

面对土壤风蚀扬尘、农作物产量低下和水资源严重短缺等问题，宁夏中部干旱风沙区自20世纪80年代开始以改善民生、发展经济为目标，大力兴建以扬黄灌溉为核心的生产设施建设，到20世纪90年代已建成了近667万hm^2的扬黄灌溉农田，基本解决了当地农民和畜禽的饮水问题，极大地改善了部分地区的生态环境，显著提高了局部农田的作物产量，部分地区已出现绿树成荫、沟渠配套、村舍整齐的新农村面貌，灌溉区农作物产量成倍增长。20世纪末到21世纪初，国家和自治区在农业生产中又启动了以减轻风蚀沙害为主要目标的包括留茬免耕、保护性种植、地表覆盖和越冬作物种植在内的保护性耕作体系建设，以及退耕还林还草和封山禁牧林草建设等重大环境建设及措施，使当地生态环境建设得到了明显改善。但由于农田管理技术、特别是土壤耕作技术配套滞后，农田风蚀、沙化、土壤水分不足仍然是当地农作物产量低下、危害生态环境和制约农业发展的重要因素。

1. 冬春农田裸露，土壤风蚀强烈

受传统耕作的影响，多数农民习惯于秋季耕翻，并多次打糖保墒，疏松的地表在冬春季强烈的西北风侵蚀之下，扬沙起尘在所难免。在大的生态环境有所改善的情况下，农田扬尘成为沙尘暴的主要沙源。农田保土耕作技术的创新与集成，成为宁夏中部干旱风沙区固土减尘以及农业可持续发展和生态环境进一步改善的关键。

2. 旱地保水困难，作物难以生存

传统耕作条件下，虽然十分重视对有限水的保蓄问题，但降水极其有限及多变的季节分布，再加植被覆盖率低下，风大风多，蒸发强烈，农田水分变化剧烈，难以满足作物生长发育需求，大旱之年则难以生存。因此，旱地水土保持和集雨保墒农作物技术创新成为作物稳定、保产的关键。

三、技术创新思路

1. 增加地表粗糙度，阻风降尘

农田起尘主要决定于近地气流的流速，通过耕作技术创新，增加地面粗糙度，阻截气流，降低风速，减轻土壤表层微粒被气流扬起的数量，起到固土减尘的作用。如作物留茬越冬、秸秆覆盖、砂石覆盖等措施都是增加地表粗糙度的重要技术创新。

2. 覆被地面，降低土壤水分蒸发

宁夏中部干旱风沙区之所以土壤水土耗损、退化严重，除了恶劣的自然环境外，更为重要的人为因素是农田过度耕作与过度收获导致地面失去了保障土壤系统自我维持与更新必需的最低植被量。因此，除了最大限度地采用作物留茬、促进秸秆还田外，还可采用砂石覆盖、地膜覆盖等非生物性地面覆被措施与覆盖材料，以补充作物秸秆等覆盖物的不足，成为固土减尘、抑制土壤水分蒸发的重要技术创新方向。

3. 创造农田微地形，充分纳蓄天然降水

宁夏中部干旱带土壤类型以瘠薄的灰钙土、风沙土为主。由于中部干旱带大部分无灌溉条件的地区依然水资源极度贫乏，通过保护性耕作措施，创造微地形，改变地表形态，充分纳蓄天然降水，提高灌溉水利用效率，同时起到增加地表粗糙度、降低扬尘、减少土壤蒸发的作用。如垄沟种植、垄膜结合等微集水技术均是提高水资源利用效率的重要技术创新。

第二节　农牧交错干旱风沙区砂田耕作法

一、砂田耕作法的形成条件与背景

砂田也称石田，铺砂地或压砂地，是人们利用河道、山洪沟、冲积扇的沉积作用产生的砂砾石或岩石自然分化产生的碎片在田面铺设厚约 10～15cm 的覆盖层所形成的一种特殊的农田类型。

砂田是我国西北地区劳动人民多年与干旱抗争，经过长期生产实践不断总结创新而形成的一种世界独有、中国西北地区独特的，以砂石覆盖和长期免耕为核心的保护性耕作方法。主要分布在甘肃中部、宁夏中部、青海东部等地，年降水量在 200～300mm 的干旱地区，总面积 16.7 万～20 万 hm^2。

砂田耕作法是一种具有综合效能的旱作保护性耕作技术，它恰当地适应了干旱、半干旱地区的气候、地理、土壤等自然条件，具有明显的改良和调节农田小气候、改善农田小生境的功能。采用砂田耕作法，可在年降水量 200～300mm 的干旱条件下，夺取作物丰收，在这些国际上公认不能从事种植业生产的地区，使农耕成为现实，创造了世界农耕史上的奇迹。

关于砂田的起源，传说历史上的某年大旱，河道干涸，农田寸草不生，某农夫发现河边卵石滩上有绿草从石缝中长出，刨开石层发现其下土壤有潮湿之气，遂模仿在农田中铺设砂（石）种植农作物，由此产生了砂田。至于砂田起源的时间历史记载诸多，据《洮沙县志》记载，“砂田其源始尚无典籍可考，据产农流传，系于清康熙年间，或有谓肇始于嘉庆年间。”“自有清咸丰年以来，农人渐以科学方法铺大砂，小石于地面。”原西北农学院李风歧等考证，“明代中叶在甘肃的陇中和青海等地发现了举世称奇的砂田。”辛秀先等从当地农业发展、气候变迁、植被演变、单位面积农业人口增多、文献记载等因素认为甘肃砂田起源于清朝，距今约 200～300 年历史。众多学者考证认为，兰州附近的永登与景泰两县交界处的秦王川一代为最早的砂田发源地，自砂田问世之后，由于其增产效果明显，迅速在甘肃陇中地区广为使用，并逐渐扩展到毗邻的陇东、河西和宁夏、青海的部分地区。经过数百年的发展与演变，到 1949 年甘肃全省约有砂田 3×10^4 hm^2，20 世纪 80 年代中期，扩大到 8×10^4 hm^2。1990 年甘肃省政府发布的《甘肃省基本农田保护管理暂行办法》明确将砂田列为基本农田加以保护，至 1992 年底，甘肃省砂田达到 1×10^5 hm^2。与甘肃毗邻的宁夏中部干旱地区（农牧交错地带），相传大约是在 100 多年前由甘肃皋兰县逃荒农民将砂田技术带到宁夏中卫香山地区和中宁县鸣沙镇、海原县兴仁镇（现中卫市城区兴仁镇），开始时只有零星分布，后因效果好得到传播，到 1981 年时中卫香山乡砂田面积达到 1 200hm^2，主要种植籽用西瓜，1995 年开始种植鲜食西瓜，获得丰收，1999 年之后压砂西甜瓜得到迅速发展。压砂地面积也得到扩展，到 2000 年达到 3 000hm^2。2003 年，宁夏回族自治区党委政府将中卫环香山地区的压砂地西甜瓜作为自治区特色产业予以重点支持，压砂地面积得到迅速发展，到 2007 年底已形成 68 000hm^2 以种植西甜瓜为主的地域性特色产业带，成为中国最大的压砂瓜生产基地。

二、关键技术

1. 传统砂田耕作法的主要关键技术流程

传统砂田耕作法实际上是一种粗放经营下的原始耕作方法，主要是利用了田面铺砂石后，粗糙度增加减少径流增加降水的入量；同时砂石层还阻隔了土壤水分的蒸发量，从而提高土壤水分含量，提高降水利用效率，增加作物产量。传统砂田的关键技术环节包括：

1.1　**选地**　用于砂田的土地可以是耕地，也可以是荒地，在丘陵山区，缓坡地（≤15°）也是砂田的选择范围，附近必须有砂源，以土层深厚为好。砂田旁边最好有集水地形，如山坡，以增加砂田的供水量（图 3－1）。

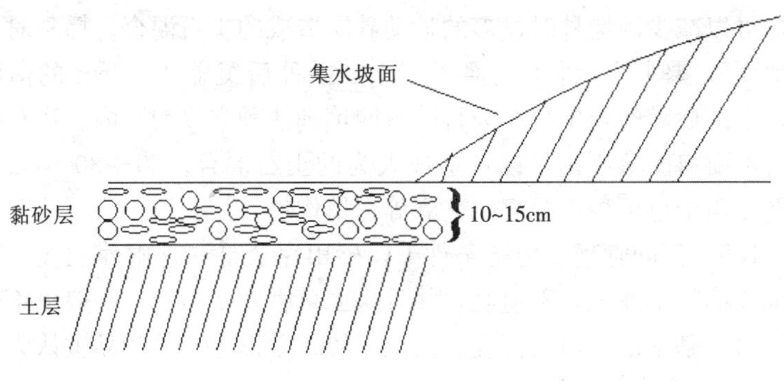

图 3－1　砂田选地结构图

1.2　**压砂前土壤耕作**　选定用于制作砂田的土地，农田至少休闲一年、荒地提前一年进行相应的土壤耕作。结合当地的降水季节分布进行 2～3 次的深耕晒垡，深施农家肥（羊粪、牛粪、猪粪、人粪等），每公顷 75～100t，雨季结束前（白露前）耙耱、镇压、平镇后备用。

1.3　**筛砂与铺砂**　砂田的砂源主要来自附近的河道、山洪沟、冲积扇，但原始状态下砂源中混合的土壤较多，直接铺设影响生产效果。因此铺砂前必须筛砂，进行土石分离。筛砂后留取大到鹅卵、小到粗砂（岩石自然分化后形成的颗粒，粒径在 0.25mm 以上）的砂石，作为铺田所用，一般粒径大于 6mm 的砾石应占到 60％，小于 6mm 粒径的粗砂应占到 40％。砾石是为了增加地面粗糙度，减小径流，增加入渗，粗砂是为了填充砂层大空隙，避免土壤水分的过度蒸发。

铺砂应在冬季冻结期内进行，铺砂厚度应控制在10～15cm，每公顷铺砂量在1 000～1 500t。铺砂应注意均匀一致。

砂田铺设后，一般可持续使用20～30年，此间传统做法是不再施肥，除播种和生长后期耖砂蓄墒外，不再进行土壤耕作。从这个意义上，砂石耕作法是中国传统的以砂石覆盖和免耕为核心的保护性耕作法。

1.4 **作物选择与播种** 砂田最适宜的作物是稀播宽行作物，这样可以减少因播种时过多的耖动砂层造成的土石混合。播种时先将地面砂层刨开，种子浅播于表土，播种后覆盖1～2cm的薄细砂，出苗后随幼苗生长逐渐将砂石回填到播种穴（沟）内。注意播种时不要将土壤刨出，以免造成人为的土石混合。20～30年以上的老砂田中也可种植绿豆、芝麻等密植作物。

1.5 **田间管理** 传统条件下，砂田完全是一种雨养农业，作物生长期间不灌溉，不追肥，并且病虫草害发生很轻，一般也不进行防治，基本没有田间管理。因此，传统砂田生产的产品被认为是“绿色有机食品”。

1.6 **收获** 砂田作物收获时一般将地上部全部移出田外，为后期耖地蓄墒及下茬播种创造一个良好的土壤环境，根茬留在土内自然腐解，归还土壤。

1.7 **耖砂蓄墒** 前茬作物收获后经过一个生长季的人畜踏实与自然沉降砂层变得非常坚实，影响降水的入渗效果，因此作物收获后，马上要耖砂。在传统的条件下，农民采用铁制耙具，用小型拖拉机牵引，一般横向、纵向耖动两边就可松动砂层，增加降水入渗量和入渗速度。这项工作是砂田蓄墒的重要程序。

1.8 **老砂田的重新铺设** 砂田在连续使用20～30年之后，土石混合严重，保墒、增温效果降低，需要人工起砂，筛砂，砂土分离后，再重新铺砂。所以有“累死老子，富死儿子、穷死孙子”之说。在生产实践中，也有老砂田衰老后深耕一次、上面再叠一层砂石的“叠砂田”。

因此，传统砂田耕作方法的技术流程是：选地—深耕、施肥—筛选砂石—铺砂—播种—收获—耖砂蓄墒。

2. 现代砂田耕作法的技术创新

随着现代科学技术的发展和市场经济的需要，传统的砂田耕作法也不断汲取和融入现代农业技术与内容，使这项古老、传统的农业耕作方法不断地向现代化靠拢。尤其是进入21世纪以后，在国家地方科技部门和生产部门的大力支持下，加快了砂田耕作法的现代化改造，目前已形成了与传统方法有较大差距的现代砂田耕作法技术流程，主要体现在以下几个方面：

2.1 **以机械作业替代繁重的手工作业** 传统作业过程基本依靠手工作业，劳动强度大，作业效率低。近年来教学、科研、农业机械等部门针对砂田耕作法的各个环节，先后开发研制出了农田铺砂机、砂田覆膜机、松砂施肥机、补灌机和土石分离机等砂田作业机械（图3-2至图3-5），使这项传统手工作业为主的耕作方法，基本实现了半机械化，有效地解放了劳动力，大大提高了工作效率。

图3-2　2FX-1.4型松砂施肥机

图3-3　砂田覆膜机

图 3-4　PJ-2 型农田铺砂机

图 3-5　6TF-80 土石分离机

2.2　**以科学补肥替代原始的地力消耗**　针对传统作业过程中长期不施肥、仅靠活化土壤潜在地力维持低水平生产的现状，科技工作者研究了砂田耕作过程中补肥的可能性与适宜方法、适宜用量。为了维护砂田产品的绿色有机品牌，坚持以补施有机肥为主适量搭配化肥，并开发研制出了砂田西瓜生物有机肥，有效地提高了砂田作物产量。

2.3　**以关键时期的补水，弥补自然降水的不足**　传统砂田耕作是一种完全依赖自然降水的典型雨养农业，由于降水量有限，年际间变率大，虽然砂石层可有效拦截降水，增加入渗，减少蒸发，提高降水生产效率，但干旱仍然是砂田作物最大的威胁。在新建的砂田区，由政府出资兴建了引水工程，使部分砂田作物关键期补水成为现实。一般在苗期、播种期和开花坐果期补水 2 次，可使西瓜产量增加 50%以上，商品率也大大提高。科技工作者还引进了滴灌等现代灌溉技术，提高了部分砂田的水资源利用效率。

2.4　**以多层覆盖有效降低土壤水分的无效损失**　在长期的生产实践中，各地科技工作者和农民创造了多种砂上覆盖技术，进一步降低了土壤水的蒸发，大大地提高了降水利用效率，如甘肃省皋兰县在传统砂田基础上创造的“三膜一砂”甜瓜设施栽培模式，宁夏中卫香山一带农民创造的小弓棚压砂西瓜，砂上覆膜西、甜瓜等栽培模式，砂上覆盖还分为全膜覆盖、条膜覆盖、播种穴覆盖等多种方式，均收到良好效果（图 3－6、图 3－7）。

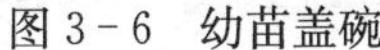

图 3－6　幼苗盖碗

图 3－7　条膜覆盖

三、砂田耕作法应注意的问题

砂田耕作法虽然在干旱地区取得了良好的生态效益与经济效益，但传统砂田耕作仍然是一种原始、粗放的耕作体系。虽然科技工作者和农民群众已经对传统方法进行了一些现代化改造，但其中的一些问题应必须引起高度重视。

1. 关于覆盖层砂土混合问题

在传统条件下，砂田的耕作过程就是砂田衰老、退化的过程，主要表现在随利用年限的增加，压砂层和底土混合程度越来越大（图 3－8）。新铺砂田（1 年），压砂层土砂比、含土量和含砂量分别为 0.1、9.24％和 90.76％，而 17 年砂田相应为 0.57、36.15％和 63.85％（图 3－9）。压砂层含土量的增加，严重影响砂田的纳雨、蓄墒能力（表 3－1），17 年砂田比 1 年砂田 0～80cm 土层中各层次土壤含水量均明显下降，总体降低 5.7％，平均降低 2.96％。土壤含水量的下降严重影响作物产量，当砂田连续利用 20～30 年之后，生产水平极低时，就不得不重新筛砂。砂田也有弃耕不种的现象。因此，在砂田利用过程中如何采用合理的耕种措施，减少、延缓砂土混合程度和年限，尽量延长砂田利用时间，是现代砂田耕作法必须认真解决的问题。其中，尽量少动土、种植宽行稀植作物等是延缓砂田退化的有效措施。另外，在砂田使用一定年限后，砂土混合较适宜时，采用机械方法分离土石，也可在短期内恢复砂田生产力。

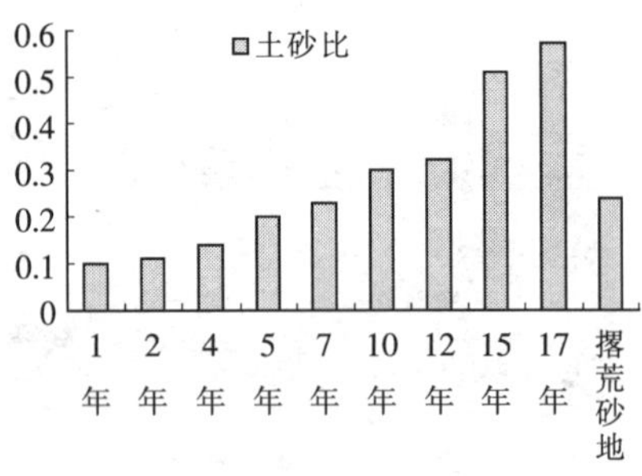

图 3-8 不同种植年限砂田覆砂层土砂比

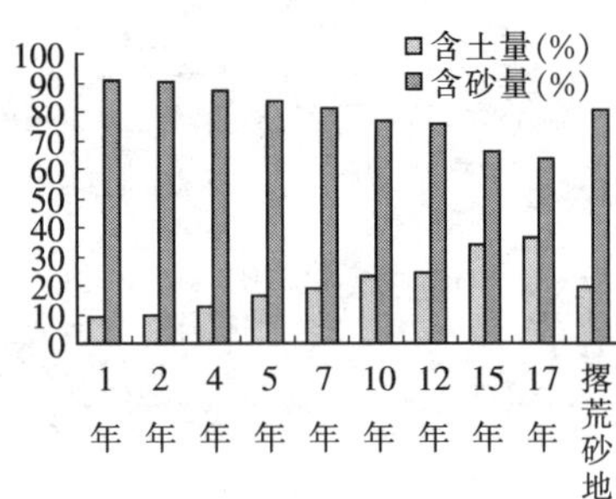

图 3-9 不同种植年限砂田覆砂层土、砂含量变化

表 3-1 不同种植年限砂田土层水分含量变化（%）

年限	0～20cm	20～40cm	40～60cm	60～80cm
1年	25.30	24.73	21.10	19.73
2年	20.93	16.80	15.53	10.60
4年	18.60	15.53	14.70	16.30
5年	18.20	14.65	14.27	9.13
7年	16.50	14.30	13.83	12.20
10年	16.20	14.10	11.10	9.93
12年	15.93	12.37	11.63	10.77
15年	13.93	12.43	11.97	9.74
17年	13.70	12.03	10.67	9.53
撂荒砂田	10.43	13.30	15.37	19.40
原生地	8.20	5.60	5.60	6.53

2. 关于维护砂田养分平衡持续增产问题

传统砂田耕作法，只是在铺砂前一次性施肥，此后连续利用过

程中，一般不再施肥，完全依赖自身土壤水分和温度条件的改善，土壤微生物活性加强，分解土壤潜在肥力，维持低水平作物生长。研究证明，这种活化土壤潜在养分的能力只能维持4～5年，此后土壤养分含量急剧下降。

要维持砂田较高的生产力，必须坚持人工补充养分。在人工补肥时，一是坚持以有机肥为主，适量补充化肥；二是在施用方法上，在播种时穴施肥或耖砂时同时施入，减少动土次数（图3-10至图3-13）。

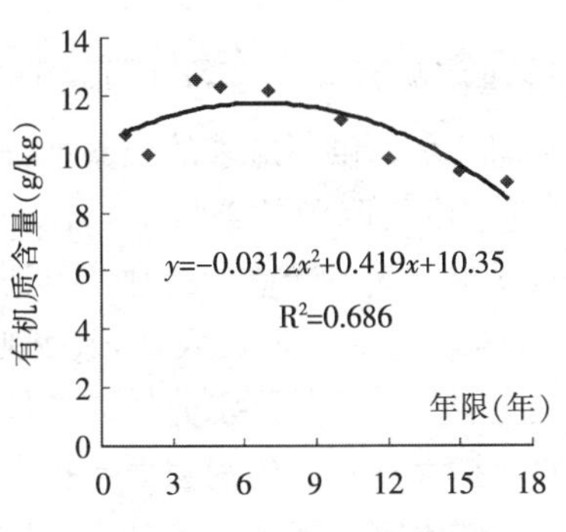

图3-10　不同种植年限砂田耕层有机质的变化

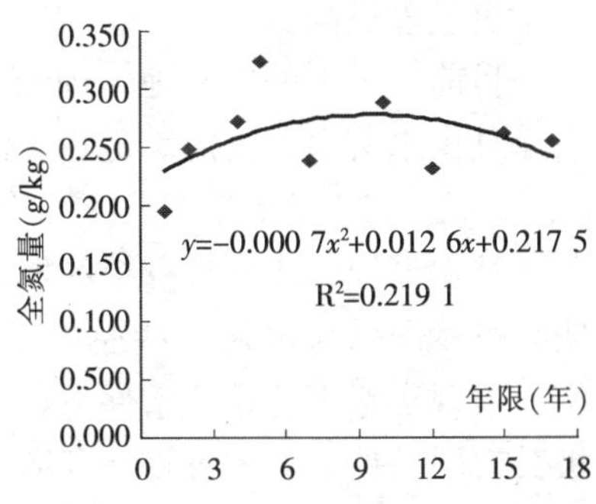

图3-11　不同种植年限砂田耕层全氮含量的变化

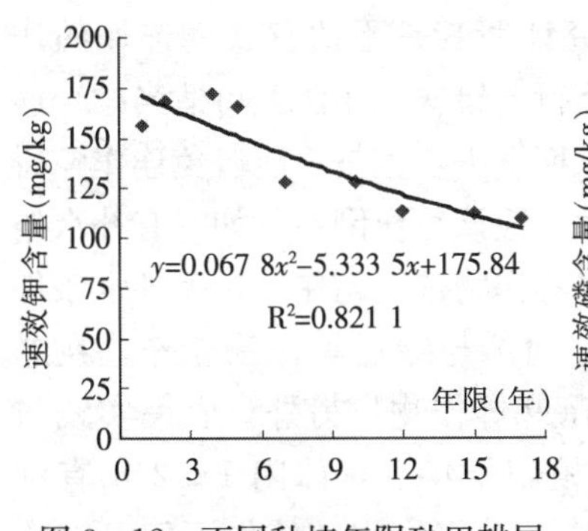

图3-12　不同种植年限砂田耕层速效钾的变化

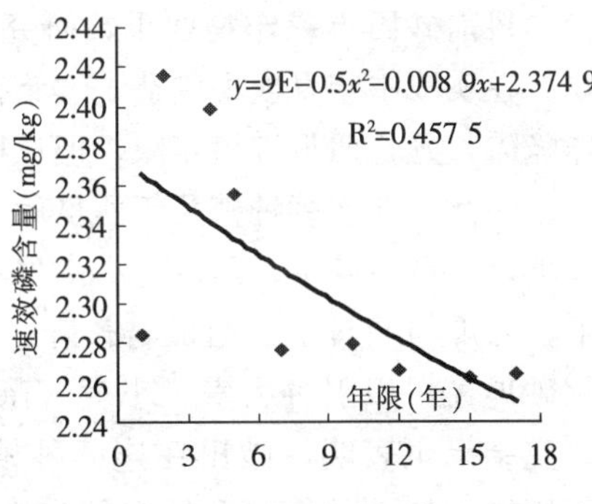

图3-13　不同种植年限砂田耕层全盐量的变化

3. 关于创造补墒条件问题

宁夏压砂地主要分布在年降水量在250～300mm的干旱地区，且大部分砂田无人工补水条件，虽然压砂后可将有限降水较充分的蓄积到农田中去，但降水量毕竟有限。据研究西瓜在正常生长条件下一生的蒸腾与蒸发量可达800～1 000mm，目前250～300mm降水量即使全部可利用，也只能满足西瓜正常生长的31.25%～33.3%的需求，因此，通过人工创造补水条件，即使是在西瓜生长的关键时期补水1～2次，就可以使西瓜产量增长50%以上，且商品率也显著提高。

目前，宁夏的压砂地，国家支持建设的补水设施仅占30%左右，且供水有限，仅能满足在关键时期补水，供不应求的现象十分严重。在2008年上半年连续6个月基本没有降雨的条件下，在一些无补水设施的压砂瓜种植区域，西瓜减产损失严重。这种情况证明，虽然压砂地可使一些原本不能从事农耕的区域，农耕成为现实，但现实恶劣的自然条件下，还是脆弱的，尤其是水分供应条件极其有限条件下，千方百计开辟水源，扩大补水设施覆盖面，扩大压砂地生态系统的水循环，提高抗御自然灾害的能力，这是压砂地产业可持续发展的重要方面。

4. 关于合理轮作倒茬问题

目前砂田主栽作物西瓜，研究证明其是不适宜长期连作的作物。在实践中宁夏农民创造了“错行、错穴轮作法”可适当减轻连作障碍，延长西瓜种植年限，但长期下去，也是不能避免连作障碍的。因此，在连续种植几年西瓜后，应该轮作倒茬，如在有补水条件下，西瓜与辣椒、西瓜与小南瓜等作物进行轮作，在无补水条件下，西瓜与向日葵、西瓜与芝麻、西瓜与绿豆等作物轮作，在老化砂地还可以引种大麦、小麦、蓖麻等作物。另外，农民实践与研究结果也表明，砂田在连续种植若干年后，休闲1～2年有利于压砂地性能的恢复和地力的恢复。砂田作物的轮作不但可以减轻连作障碍，而且也有利于预防单一作物种植带来的自然风险和市场风险（图3-14至图3-17）。

图 3-14　砂田西瓜

图 3-15　砂田辣椒

图 3-16　砂田向日葵

图 3-17　砂田绿豆

四、砂田耕作法适宜区域及其推广现状与前景

1. 砂田耕作法的适宜区域

砂田是干旱、半干旱地区劳动人民与干旱抗争，利用自然界存在的砂石铺地，创造出来的一种特殊的农田，在长期发展与创新中，逐渐形成了配套的耕作方法，也是一种有明显区域性与适应性范围的耕作方法。一般讲砂田耕作法应符合以下条件：

1.1　适宜区　砂田的适宜区域是年降雨量在 200～400mm 降水的干旱、半干旱的雨养农区。年降雨量少于 200mm 地区，由于降雨量过少，无法保证作物最低需水量，作物产量低而不稳；年降雨量大于 400mm 的半湿润偏旱区，砂田的功能将不能充分显现，效果不显著。在旱农地区有一定补灌条件的地区，也存在着少量水砂田，但砂田寿命将大大缩短。

1.2 要有充足的砂石资源 压砂田每公顷铺砂量达到1 000～1 500t，砂田需求量很大，如果附近缺乏砂石资源，将无法从事砂田耕作法。我国西北、华北西部等旱农区砂田资源丰富，从事砂田耕作法的可能性比较大。

2. 推广现状与前景

2.1 推广现状 目前，我国的砂田耕作法主要分布在西北地区的甘肃东、中部，宁夏中部以及青海西部，山西，陕西等干旱、半干旱地区，总面积 1.67×10^5～2×10^5hm^2。其中宁夏中部干旱带（农牧交错区）的环香山地区，多年平均降雨量只有 247.4mm，年均温 6.8℃，年蒸发量 2 172.3mm，平均风速 3.4m/s，≥10℃积温 2 332.5℃，无霜期 146d，海拔高度 1 500～2 400m，干旱少雨，风大沙多，气候干燥，蒸发强烈。该地区旱耕地面积 1.074×10^4hm^2，长期以来一直采用传统的翻耕法，冬春农田裸露，扬沙起尘，是宁夏及周边地区沙尘暴天气的主要沙源地之一。砂田耕作法，虽然在当地已有 100 多年历史，但在 20 世纪之前，只有少量分布及应用，进入 21 世纪后，砂田耕作法受到当地各级党委、政府的高度重视，得到迅速发展，特别是 2003 年以来，自治区政府将压砂地种植西甜瓜为主体的压砂瓜产业确定为地域性特色产业重点发展，砂田耕作法在宁夏中部干旱带得到飞速发展，到 2007 年底，砂田面积已由 2000 年底的 3 000hm^2 迅速扩大到 6.8×10^4hm^2，成为中国最大的集中连片的压砂瓜生产基地。在科技人员的努力下，砂田耕作法也得到迅速的推广，取得了显著的经济、生态效益。邻近的甘肃省，在 1992 年之前总面积达到 1×10^5hm^2。近年来，随着水果、蔬菜无公害生产的兴起与设施农业技术的结合，砂田面积又呈现不断扩大的发展趋势，并且分布区域也由原来的中东部地区向西部的酒泉市扩展。

2.2 推广前景 砂田耕作法是干旱、半干旱风沙地区一项有效抗蚀、减蒸、保墒、增温的中国式的保护性耕作方法，也是一种经济、有效的，适合于贫困地区和有充足砂石资源地区应用的保护性耕作法。从我国旱农区分布情况看，海拔较高、气温较低的土石丘陵山区，沟壑冲积下来的砂石资源丰富，都有应用砂田耕作法的广阔前景。

第三节　农牧交错干旱风沙区留茬免耕保护性耕作技术

一、技术模式的形成条件与背景

宁夏中部干旱带地处我国西北内陆，属于典型的温带大陆性干旱半干旱气候，是我国干旱缺水、荒漠化、沙尘暴等自然灾害发生危害最频繁地区之一，其西、北、东三面受腾格里沙漠、乌兰布和沙漠、巴丹吉林沙漠和毛乌素沙地的包围，是我国防沙治沙的重点地区，不良的生态环境已严重影响到宁夏农业可持续发展。宁夏自治区政府为解决当地人畜饮水和开发当地大面积荒地，实施了扬黄灌溉等工程，目前有可灌溉面积 6.67 万 hm^2，其中玉米成为当地的优势特色作物。在当地的农业生产中，如何充分利用天然降水资源，发挥扬黄灌溉的优势，保证粮食生产持续进行，并且改善生态环境，促进农业持续稳定的发展，是宁夏中部干旱带面临的重要问题。实践证明，在冬春季节，实行留茬免耕的保护性耕作措施，可以降低农田风速，减少农田土壤侵蚀，并具有保水和增加产量的效果，从而保护农田生态环境，并获得生态效益、经济效益及社会效益协调发展。

二、关键技术

玉米是宁夏中部干旱带扬黄灌区的主栽作物，留茬免耕保护性耕作可以防风蚀，减少土壤水分蒸发，提高土壤含水量和增加土壤有机质，提高肥力。目前玉米的机械化保护性耕作体系有免耕碎秆覆盖体系、免耕倒秆覆盖体系和深松碎秆覆盖体系等，每年玉米留茬越冬覆盖面积达 1.33 万 hm^2。其操作流程一般为：秋天收获玉米（留高茬 20～40cm 以上）→秸秆粉碎或整秆覆盖→第二年春季玉米种植前免耕或深松土壤（3～4 年一次）或旋耕（保持地表秸秆覆盖量40%以上）→免耕施肥播种→杂草控制→田间管理。

1. 收获

春玉米的收获一般在秋季10～11月进行。收获时玉米高留茬20～40cm以上。

玉米收获时，不论是机收还是人工收获，最好选用摘穗收获工艺，不要将玉米苞皮留在地里，因为玉米苞皮韧性大，不易腐烂，留在地里会影响播种作业。

2. 秸秆处理

收穗后的玉米秸秆要作为覆盖物留在田间，根据体系的不同，覆盖形式有以下两种：

整秆覆盖：整秆覆盖又分为两种：一种是立秆，一种是倒秆。立秆覆盖可保证地表有较多的秸秆，不易被风刮走。但立秆覆盖由于地表裸露较多，保水保土的功能较差。倒秆覆盖是指玉米收获后用机械或人工将秸秆压倒铺放在行间。压倒时注意应顺风向压倒。倒秆覆盖有良好的覆盖效果，而且由于秸秆与根茬连接，不易被风刮走，同时顺行压倒后也可抑制杂草的滋生。

整秆覆盖的两种形式比较适合冬季风大的地区。但整秆覆盖时，由于秸秆很长，会对次年的播种产生影响，所以此种覆盖方式不适合玉米产量高、秸秆量大的地方。

粉碎覆盖：粉碎覆盖是指玉米收获后，用秸秆粉碎机将秸秆粉碎后均匀地覆盖在地表。这种方式覆盖效果好，保水能力强，但粉碎后的秸秆易被风刮走或在田间集堆。所以对粉碎后的秸秆覆盖地可采用缺口圆盘耙（重耙）耙地，耙地可将秸秆部分混入土中，减少秸秆被大风刮走或集堆的可能性，也有利于冬季降水的入渗，同时也有部分平地和除草功能。

3. 深松——选择性作业（2～3年深松1次）

对于土壤较黏重（壤质土壤容重在1.3g/cm^{3}以上，黏质土壤容重在1.4 g/cm^{3}以上的地区）或刚开始实行保护性耕作且土壤中有犁底层存在的地块，应进行深松作业，以利降水入渗。

深松时，由于地表有秸秆覆盖，长秸秆会影响深松机的通过性能，故应在秸秆粉碎后、入冬前进行，建议选用高地隙的单柱式双梁深松机。深松后出现的沟垄能增加地表的粗糙度，有利于保土（地表越粗糙，越不易发生土蚀），故在休闲期可不进行诸如平地等作业。

深松后能否多吸纳降水，主要取决于冬季降雨（雪）的多少，如果冬季降水很少，深松还有可能增加土壤水分的散失。

4. 播前表土作业（选择性作业）

春季播种前，应考察地表状况，决定是否进行表土作业。假如地表不平度较大，秸秆较多或成堆，则应进行如浅松、弹齿耙耙地或必要时选用旋耕机浅旋。表土作业可改善地表状况，尤其是在地温较低的地方，还可提高表土地温，有利于播种和出苗。假如地表状况较好（平整、秸秆量适中），则可不进行表土作业，直接播种即可。

5. 玉米播种

春季播种玉米时，应用免耕施肥播种机一次完成玉米的播种和施肥作业。施肥与播种同时完成，长效与速效肥兼顾，有机无机结合。

播种和施肥深度应根据土壤墒情而定，一般情况下，玉米种子的覆土为 5cm 左右。假如播种时地表有干土层，则应实行深开沟、浅覆土，保证种子种在湿土上。

在春季地温较低或无霜期短的地方播种时还应注意的一点就是尽量将种行上的秸秆分到两边，这是为了种行能多吸收阳光，以利地温提高和玉米生长。

6. 田间管理

喷除草剂为了防止杂草滋生。玉米播完后一个星期左右时应喷洒除草剂一次。可选用如玉米净、2，4－D丁酯等除草剂，全面封闭地表，抑制杂草。

间苗、补苗和除草。玉米出全苗后，应根据出苗情况进行间苗、补苗等。宁夏中部干旱带春玉米种植区一般每 667m^2 苗数应控制在 4 500 株左右；若缺苗不多，可以用间出的苗进行补苗，若缺苗较多，则应补种。

在间苗、补苗的同时可进行人工除草。

三、技术模式注意问题

农牧交错带干旱风沙区由于特有的生态环境，加上人为影响，使得原本脆弱的环境更加恶劣，因此，在本地区发展保护性耕作，必须本着生态、生产兼顾的原则，努力构建一个既能资源利用最大化、又能生态保育最优化的耕作措施。宁夏中部干旱带扬黄灌区建立的以抑尘和保水为核心的玉米留茬覆盖保护性种植制度，兼顾生态建设、生产提升，改善环境，增加农民收益，成为实现增产、增收的重要措施。留茬免耕保护性耕作技术正是基于此而提出的一种符合当地生态、生产发展要求的新型的技术，在宁夏扬黄灌区具有广阔的推广前景。

四、技术模式适宜区域及其推广现状与前景

“玉米留茬免耕保护性耕作技术模式”适宜在西北农牧交错带风沙干旱区半干旱区有补充灌溉的地区推广，区域包括宁夏中部干旱区，西北黄土高原沟壑区，其基本方法可以用在小麦、糜谷等作物种植区。目前，宁夏扬黄灌区的农民已经习惯玉米收获后留高茬或整秆留地越冬，改善了当地的生态环境，减少了风蚀扬尘量。

第四节　农牧交错干旱风沙区玉米微集水保护性种植技术

一、技术模式的形成条件与背景

位于宁夏中部干旱带的扬黄灌区是宁夏近二十年来重点发展建设的农业区域，目前有效灌区面积已达 8.4 万 hm^2，占宁夏绿洲农区有效灌溉面积的 21.2%，根据自治区水利发展规划，到 2010 年还要扩大扬黄灌面 5.34 万 hm^2，使宁夏扬黄灌溉总面积达到 13.73 万 hm^2。由于该区域位于生态环境恶劣区，年降水量仅 180～350mm，年蒸发量 2 000mm 以上，林木覆盖率仅为 6.9%，≥5m/s 的起沙风年出现次数 80 天以上，荒漠化面积占总土地面积

的70%以上，水资源极度贫乏，干旱、风沙、沙尘暴等自然灾害频发，经济条件和生产水平极其落后，全区100多万贫困人口中近50%分布在该区域。发展扬黄灌溉后，生态条件有较大的改善，灌溉农区呈现出农田、渠道、林网配套，村舍整齐、塞上绿洲的初步景象。在社会经济发展、稳定社会、改善生态环境和安置移民方面发挥了极其重要的作用。但在取得巨大成就的同时，也积累、埋藏了一些急需解决、严重影响农业可持续发展与社会进步的问题，如有限水资源利用效率不高，土壤次生盐渍化日益加重，风蚀、沙害依然肆虐，农业结构单一，综合效益低下，土壤贫瘠，生产力不高等。

基于此，国家科技支撑计划项目红寺堡试验区，集成创新并实施了适于扬黄灌溉的灰钙土和风沙土农田“玉米微集水保护性耕作技术模式”。

二、关键技术

1. 技术背景

位于中部干旱带的扬黄灌区，灌溉水资源主要来源于经2～3级提水后进入灌溉系统的黄河水，水资源数量有限，但灌溉方式上仍采用传统的大水漫灌方式，再加上沙性土壤渗漏严重，利用效率极其低下。据有关部门资料表明，目前扬黄灌区农田灌溉量达到9 000～10 500m^3/hm^2，比老灌区的平均7 395m^3/hm^2灌溉量高出21.7～41.9%，灌溉水利用效率仅为30%，水分生产效率仅为0.3kg/m^3（粮食），分别相当于老灌区的68.2%和50%。由于扬黄灌区设计上的问题只有灌溉系统，没有排水系统，再加沙质土壤渗漏严重，地下水位升高，部分地区已出现明显的土壤次生盐渍化，严重者已经危及房屋建筑，带来了新一轮具有较大潜在威胁的生态环境问题。宁夏中部干旱带土壤类型以瘠薄的灰钙土、风沙土为主，并且质地偏沙，漏水漏肥。由于中部干旱带大部分无灌溉条件的地区依然处于水资源极度贫乏、植被稀疏、风大沙多的恶劣生态环境之下，局部灌溉农区的好转，并未对全地区生态环境带来根本改善，并且大部分灌溉农田也依然是冬春裸露的耕作层，因此整个中部干旱带风蚀沙害依然肆虐。

2. 技术模式与特点

宁夏中部干旱带处于山地与平原的交错地带，光热资源充足，生长季节较长，台地与山间平原面积占到该区域总面积的81.9%，地形较为平坦，便于开发利用，据有关部门测量，该区域尚有可供开发的后备耕地600余万 hm^2，是宁夏发展扬黄灌溉的主要区域。在红寺堡的实地调研发现，当地传统耕作措施不仅蓄水保墒能力较差，而且还是产生大面积土壤风蚀沙化的重要原因。因此，如何提高微效降水和灌水利用效率对粮食生产具有重要意义。因此，研究该区域不同耕作措施田块土壤水分变化特点，并进行不同耕作措施田块间土壤含水率的定量对比，对于该区域更有效地保蓄土壤水分、提高农田土壤水分利用效率和增强农田防风抗蚀能力有着重要的现实意义。为了实现宁夏中部干旱带扬黄灌区农业与农村经济可持续发展，采用微集水技术，不仅生态与农业生产同步发展，解决了扬黄灌区农业生产中水资源利用效率不高和土壤次生盐渍化危害严重、风蚀沙害肆虐、农业增收缓慢等突出问题，还可为同类地区提供可借鉴的经验与方法。

3. 技术关键与规程

3.1　**土地选择**　选择水分条件较好的灰钙土和风沙土农田，补水灌溉农田更为适宜。

3.2　**作物选择**　选用玉米作为主要作物（图3-18）。

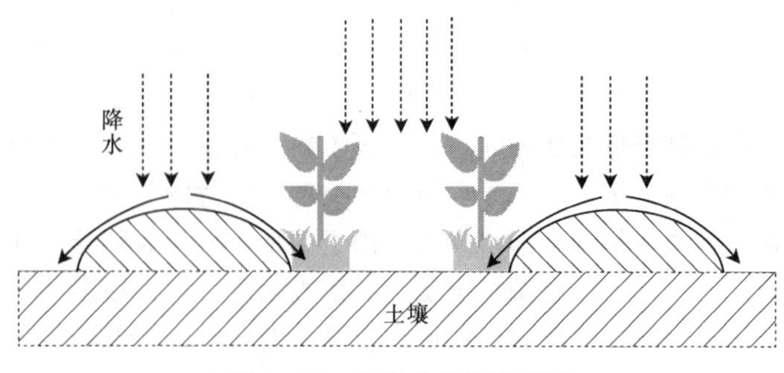

图3-18　微集水种植模式图

3.3　微集水种植技术　一般于4月下旬开始播种，趁雨或补水后点播。种植时采用起垄垄上覆膜垄侧种植或者地膜、秸秆覆盖的方式，在干旱风沙区，采用地膜、秸秆覆盖还具有保水的功效。其关键技术包括：田面起垄、沟垄相间、垄上覆膜、沟内种植、沟内集雨等，具体操作如下：秋季作物收获后留茬越冬，第二年春季4月初施肥耕翻土地，然后起垄覆膜，先在地内起底宽55 cm左右、高15cm左右、边为20°～40°角的垄面，垄沟宽度40 cm，垄沟比约3∶2，有条件覆膜的在垄上覆90cm宽、厚度为0.012mm地膜，在垄底开沟压膜。玉米种植于垄侧（沟内或地膜外缘），沟内玉米种植2行，行距30～40cm，目的在降雨时在膜垄上形成径流，然后汇集在玉米根际，保证玉米生长发育所需水分。秸秆覆盖采用玉米秸秆，在出苗后10d覆盖玉米秸秆，厚度以不露地面为准，覆盖量7 500kg/hm^2；种植时春季耕翻，灌水后播种，随灌水施肥，施肥水平为常规施肥量，施N为600 kg/hm^2，施P_2O_5为300 kg/hm^2，覆膜玉米在出苗后人工放苗。田间管理：①喷除草剂：为了防止杂草滋生，玉米播完后一个星期左右时应喷洒除草剂一次。可选用如2，4-D丁酯、玉米净等除草剂，全面封闭地表，抑制杂草。②间苗、补苗和除草：玉米出全苗后，应根据出苗情况进行间苗、补苗等。宁夏中部干旱带春玉米种植区一般苗数应控制在67 500株/hm^{2}左右；若缺苗不多，可以用间出的苗进行补苗，若缺苗较多，则应补种，补种时应先将种子在水中浸泡24 h，使种子吸足水分。

三、技术模式注意问题

在宁夏中部干旱带扬黄灌区建立以抑制扬尘和保水为核心的微集水保护性种植制度，兼顾生态建设、生产提升，社会环境改善，农民效益增加，成为实现增产、增收的主要措施。农牧交错带半干旱风沙区由于特有的生态环境，加上人为影响，使得原本脆弱的环境更加恶劣，因此，在本地区发展保护性耕作，必须本着生态、生产兼顾的原则，努力构建一个既能资源利用最大化、又能生态保育最优化的耕作措施。微集水保护性种植技术正是基于此而提出的一种符合当地生态、生产发展要求的新型的技术。

四、技术模式适宜区域及其推广现状与前景

“玉米起垄垄上覆膜、膜侧种植保护性种植技术模式”适宜在西北农牧交错带风沙半干旱区推广，区域包括宁夏中部干旱区、西北黄土高原沟壑区。推广应用表明，该技术用于春小麦、玉米、豌豆、谷子和葵花栽培，效果稳定，产量增幅均在60%以上。而且，该技术同时也能够使肥料集中使用，农田水土流失也得到控制，且一次起垄多年不变，易于推广（图3-19）。

垄侧种植

起垄覆膜膜侧种植

秸秆覆盖

膜侧种植

图3-19　几种微集水种植模式

第二部分

农牧交错风沙区保护性耕作技术效果

第四章　农牧交错半干旱风沙区保育耕作技术效果

第一节　立垡覆盖保育性耕作技术效果

基于农牧交错带半干旱风沙区的自然生态环境与社会经济背景，区域保育性农作制度创新，必须同时兼顾农民生活与生产的经济效益与国家控制起沙扬尘的生态效益双重需求，偏倚某方，都会导致国家整体财富的损失。

一、固土减尘效果明显

在农田自然风背景下，通过埋设集沙盘采用“陷阱诱捕”法收集土壤风蚀量，埋设风蚀盘监测地表风蚀量，以及对不同下垫面农田粗糙度的分析结果见表 4－1。田间定位观测表明，在没有植被覆盖的背景下，地面粗糙度是决定风蚀量的主要因素。免耕而平坦的蔬菜田由于更为强烈的冬春冻融作用，使地表土壤碎解为易被风蚀的细颗粒；菜田土壤经过耕翻后，形成了较大的垡片，不但使地表粗糙度增加了 5.4 倍，也大幅度减弱了冻融作用对土块的粉碎作用，起到了显著的抵抗风蚀效果。监测表明，耕翻菜地与免耕菜地相比，风蚀量降低 40.6％，风蚀沉积量降低 81.3％。表 4－1 分析表明，在没有残茬存留的蔬菜田，通过立垡片覆被，其粗糙度、风蚀量与风蚀沉积量等指标与莜麦茬地近同；而相应玉米茬地，由于残茬存留量少，地面粗糙度增大，风蚀量是莜麦留茬地的 1.5 倍，风蚀沉积量是莜麦留茬地的 3.3 倍。不同下垫面的监测结果表明，在风蚀农田，创造地表粗糙结构更有效地滞留风蚀土壤，成为固土减尘的重要方面。

表 4-1　滩地草甸栗钙土土壤不同下垫面风蚀量比较

处理	粗糙度（cm）	风蚀量（g/m²·d）	风蚀沉积量（g/m²·d）
莜麦茬地	1.38	0.69	2.75
玉米茬地	0.51	1.04	9.00
耕翻菜地	1.13	0.79	3.06
免耕菜地	0.21	1.33	16.38

采用连续记录风速仪监测滩地草甸栗钙土不同下垫面农田粗糙度，与采用人工吹风方法，比较测定其风蚀量结果见表 4-2。分析表明，对于蔬菜田，翻耕后的合墒地空气动力学粗糙度 0.08cm，较免耕萝卜地增长了 2.7 倍，而翻耕无合墒地粗糙度达 0.45cm，是免耕萝卜地的 15 倍；相应人工吹蚀量合墒地 3.21 g/次，为免耕萝卜地的 4.8%，而翻耕无合墒地人工吹蚀量只 0.25g/次，为免耕萝卜地的 0.4%。

以粗糙度与人工吹蚀量表征的旱滩地玉米田不同耕作方式的抗风蚀能力，同样表现了秋季翻耕立垡越冬的较强抗风蚀能力（表 4-2）。监测表明玉米田以松耕地抗风蚀能力最强，免耕地最差，免耕吹蚀量是松耕的 15.8 倍，是翻耕地的 9.8 倍。免耕地稀疏的留茬虽然较翻耕地增大了粗糙度，但是松耕与翻耕地的土壤垡片地面覆盖比免耕地松碎的地表，具有更好土粒结持性，从而提高了抗蚀能力。旱滩地莜麦田不同耕作方式的抗风蚀能力，以免耕地为最好，翻耕地最差，并且两指标趋势一致。免耕较翻耕地吹蚀量减少 70.4%，松耕较翻耕地减少 25.9%。免耕莜麦田较好的抗风蚀能力，得益于密植莜麦的留茬使得粗糙度明显增加。因此在滩洼草甸栗钙土农田，采用“立垡覆盖保育性耕作技术”，具有与莜麦留茬地近同的抗风蚀效果，而更好于玉米留茬地。

表 4-2　旱滩地草甸栗钙土土壤不同耕作方式的抗风蚀效应

作物	耕作方式	空气动力学粗糙度（cm）	人工吹蚀量（g/次）
莜麦田	翻耕合墒地	0.14	2.49
	松耕地	0.72	1.85
	免耕地	0.90	0.74

（续）

作物	耕作方式	空气动力学粗糙度（cm）	人工吹蚀量（g/次）
玉米田	翻耕合墒地	0.17	0.89
	松耕地	1.08	0.55
	免耕地	0.79	8.73
蔬菜田	翻耕合墒地	0.08	3.21
	翻耕无合墒	0.45	0.25
	免耕萝卜地	0.03	66.87

表4-2表明，不同农田翻耕合墒后的地面粗糙度及相应的吹蚀量明显有别，这与前茬作物及根盘对土壤的结持能力有关。蔬菜田近乎无根茬存留，翻耕合墒地土垡最小，相应粗糙度也最小；而玉米田虽植株密度不大，但根系庞大，翻耕合上后地表存留大量由根盘结持的垡片，地面粗糙度最大，相应吹蚀量最小。

对旱滩地草甸栗钙土不同下垫面农田输沙量的观测结果如表4-3。采用BSNE集沙仪定位监测不同下垫面的输沙量。每一样地与风向垂直排列3组集沙仪，每组集沙仪分别在20、50、100、150、200cm高度安装集沙盒，在风天10：00～17：00监测5个高度的输沙量。每天进行一次监测。

表4-3　旱滩地草甸栗钙土壤劲风下不同垫面输沙量

重复	翻耕地（mg）	翻耕合墒地（mg）	免耕菜地（mg）
1	60	805	1 135
2	70	1 280	1 620
3	730	1 575	8 330
4	710	2 205	8 090
5	525	645	1 280
6	470	825	1 270
平均	427.5[C]	1 222.5[B]	3 620.8[A]

表中输沙量为五个高度采样器的三次重复之和，集沙仪进风口径为2cm×10cm。不同字母表示1%水平的差异显著性。

在草甸栗钙土农田，对翻耕地、翻耕后合墒地与免耕菜地的输沙量监测结果如表4-3。劲风（风速≥8.0m/s NW）条件下，平坦而地表松碎的免耕菜地输沙量最大，达3 620.8 mg，翻耕地输沙量最小，只有427.5 mg。以免耕菜地为对照，翻耕地输沙量比对照平均降低了88.2%，翻耕合墒地比对照平均降低了66.2%。结果表明，无论从地表粗糙度、人工土壤吹蚀量，还是输沙量等指标比较，旱滩地草甸栗钙土农田，秋季翻耕立垡越冬，都具有显著的固土减尘效果。

二、节本增收效果明显

草甸栗钙土农田为区域水土资源较为优越的农田，由于滩洼地接受与滞留坡梁地径流水土与潜流水分资源，因此发育为区域自然生态演替的后顶极土壤环境。以保护与培育区域生态环境为核心的农田土壤管理技术创新，在滩地草甸栗钙土农田更加强调作物的经济性生产。调整农作结构，以喜凉蔬菜作物代替传统的春小麦、莜麦生产，快速大幅度地提高经济效益，可为坡梁风沙地退耕生态建设奠定必须的经济基础。

补水滩地作物生产经济效益与劳动盈利率比较于表4-4。以白菜、萝卜和甘蓝为主的蔬菜生产，净产值为莜麦的6.7～10.3倍，劳动盈利率为1.2～1.5倍；区域传统经济作物甜菜和马铃薯生产，净产值也达莜麦的3.3～3.8倍。因此，区域以叶菜、根类作物为主的耕作制度发展，根本改观了主要依靠扩大耕种面积而获益的传统粮食粗放生产模式，为依靠资本和劳动力投入为主的集约农业生产，以及减降沙尘为主的环境建设奠定了经济基础。

分析表明，以秋季翻耕立垡越冬、夏秋雨季补水蔬菜高效生产的农田防风抗蚀技术模式，基本不增加土壤耕作的机械动力消耗，只是将春耕改为秋耕，秋耕合墒改为立垡越冬，播前结合施肥进行整地。

表 4-4 滩地草甸栗钙土农田作物生产效益比较

项目	白菜	萝卜	甘蓝	马铃薯	甜菜	莜麦
经济产量（kg/hm^2）	76 300	75 357	49 500	18 750	36 720	1 665
产值（元/hm^2）	38 150	37 679	24 750	15 000	12 050	4 629
净产值（元/hm^2）	30 650	29 129	19 970	11 400	9 800	2 979
净产值比例	10.3	9.8	6.7	3.8	3.3	1
劳动盈利率（元/d）	81.7	77.7	66.6	126.7	98.0	56.2

第二节 农林（草）带状间作保育性耕作技术效果

一、固土减尘效果明显

选择坡梁栗钙土农田的翻耕地、莜麦茬地、退耕草地为样地，在张北试验区采用 BSNE 集沙仪定位监测不同下垫面的输沙量。每一样地与风向垂直排列 3 组集沙仪，每组集沙仪分别在 20、50、100、150、200cm 高度安装集沙盒，在风天 10：00～17：00 监测 5 个高度的输沙量。观测结果如表 4-5。在劲风（≥8m/s）环境下，翻耕地输沙量最高，平均为日 607.2mg，莜麦茬地输沙量 597.2mg，比翻耕地降低了 1.65%，差异不显著；退耕草地输沙量 391.2mg，比翻耕地降低了 35.5%，降幅在 5.7%～52.2%。结果表明，与翻耕相比，多年生免耕草地具有显著的抑制起沙扬尘效应，而莜麦留茬地与翻耕地效果相当。因此，在坡梁栗钙土农田只依靠作物根茬残留，少有防风降蚀的作用。采用风沙地多年生林草带种，间作农作物的“农林（草）带状间作技术模式”，能够兼顾降低土壤风蚀与保障作物生产的目的。

表 4-5 坡梁栗钙土壤不同下垫面 0～200cm 高度的输沙量（mg）

高度（cm）	劲风（风速≥8.0m/s NW）			微风（风速≤5.0m/s NW）		
	退耕草地	莜麦留茬地	耕翻地	退耕草地	莜麦留茬地	耕翻地
20	319.0	638.0	1 001.0	11.7	14.2	25.0

（续）

高度（cm）	劲风（风速≥8.0m/s NW）			微风（风速≤5.0m/s NW）		
	退耕草地	莜麦留茬地	耕翻地	退耕草地	莜麦留茬地	耕翻地
50	401.0	600.0	533.0	10.0	11.7	11.7
100	449.0	591.0	541.0	10.0	10.0	9.2
150	428.0	599.0	458.0	8.3	10.0	5.8
200	359.0	558.0	503.0	8.3	6.7	5.0
平均	391.2 b	597.2 a	607.2 a	9.7 a	10.5 a	11.3 a

表中输沙量为五个高度采样器的三次重复之和，集沙仪进风口径为2cm×10cm。不同字母表示5%水平的差异显著性。

监测表明，劲风环境下不同下垫面的输沙总量有显著的差异，而相应在微风（风速≤5.0 m/s NW）环境下，各下垫面的输沙总量差异不显著。不同高度上的输沙量分析表明，不同下垫面之间总输沙量的差异主要表现在近地面的20cm高度处的沙尘收集量。因此风速特别是近地风速是土壤风蚀、起沙扬尘的主动因，以减降风速为目的的林带建设，成为区域从根本上保育耕作农田的先决条件。林带间作的农林复合生产，即是充分发挥林带阻滞减风作用，保护间种作物农田持续高效生产的保育结合型技术体系。

坡梁栗钙土农田不同土壤耕作方式地表的抗风蚀能力监测结果如表4-6。分析沙盘风蚀量、陷阱风淤量、地表粗糙度以及人工吹蚀量各指标表明，免耕农田（免耕期8年）由于留茬越冬，春季地表粗糙度最大为1.19cm，相应耕翻地最小为0.64cm；在自然风背景下监测的沙盘风蚀量、陷阱风淤量同样免耕地最少，而松耕地最大。在人工稳定风速（7.5m/s）吹蚀下，人工吹蚀量同样表现为免耕地最小，为0.33 g/次，松耕地吹蚀量最高，为4.42 g/次。免耕吹蚀量较翻耕降低88.4%，较松耕降低92.5%。不同耕作方式的沙盘风蚀量、陷阱风淤量的监测结果与人工吹蚀量趋势一致。松耕较翻耕吹蚀量更多的原因与土表结块程度低有关系；免耕表现较低的人工吹蚀量缘于土壤多年未有翻耕扰动、土表覆被有砾石层。粗糙度监测值松耕稍大于翻耕，这是由于部分立茬覆盖的效应。

表 4－6　旱砂地不同耕作方式的抗风蚀效应

耕作方式	沙盘风蚀量 (g/盘)	陷阱风淤量 (g/盆)	粗糙度 (cm)	人工吹蚀量 (g/次)
免耕	2.8	0.05	1.19	0.33
松耕	15.8	0.21	0.70	4.42
耕翻	11.1	0.15	0.64	2.85

坡梁栗钙土农田不同下垫面的输沙量（表 4－6）与地表土壤风蚀状况（表 4－7）的综合分析表明，在砂质栗钙土农田，只依靠作物留茬越冬，其抗风蚀效果与耕翻土壤没有显著的差异；而留茬免耕种植，通过土壤沉实与地表砾石覆被加之留茬提高地面粗糙度，能够降低风蚀 80%～90%。

由林带与亚麻组成的带状间作耕种模式的抗风蚀效应见表 4－7。

表 4－7　不同耕种模式抗风蚀效应

耕种模式		人工吹蚀量（g/次）	
		测定值	加权平均
传统耕作	(CK)	2.15	2.15
林带间作	林带免耕	0.14	0.98
	带种亚麻	1.81	

以传统耕作（翻耕）为对照，亚麻种植带人工吹蚀量与传统耕作差异不大，而免耕带低于传统耕作 93.5%，加权平均林带间作亚麻耕种模式较传统耕作降低吹蚀量 54.4%。监测结果表明，从生态恢复为核心的大区域角度讲，林带间作能够兼顾生态与经济效益。

二、少免耕减产效应明显

以减少土体扰动、作物留茬生产为核心，建立了免耕、少耕和翻耕三个处理区，以翻耕为对照，以区域主要作物莜麦为供试作物进行定位试验研究。监测不同耕作方式的作物产量、土壤物理及根系发育特征。

1. 不同耕作方式对莜麦产量的影响

砂质栗钙土农田不同耕作方式间莜麦产量存在明显差异（表4-8)。2007—2009 年 3 年平均，免耕产量最低为 448.5kg/hm^2，松耕与耕翻产量较高分别为 694.7 kg/hm^2 和 775.4 kg/hm^2，分别较免耕提高 54.88% 和 72.88%。松耕与耕翻之间产量相差 10.4%。

研究结果表明，在砂质栗钙土农田免耕明显减产，与耕翻相比，免耕减产 42.2%；松耕与耕翻莜麦产量互有高低。松耕可以起到疏松土壤的作用，但土壤结构的不均匀性或过大的土块或仍然僵硬的表土，影响安全成苗与作物发育。

表 4-8 不同耕作方式的砂质栗钙土农田莜麦产量

耕作方式	2007 年		2008 年		2009 年		经济产量平均 (kg/hm^2)
	生物产量 (kg/hm^2)	经济产量 (kg/hm^2)	生物产量 (kg/hm^2)	经济产量 (kg/hm^2)	生物产量 (kg/hm^2)	经济产量 (kg/hm^2)	
免耕	2 135.3	761.6	1 104.8	302.4	1 251.3	281.4	448.5
松耕	3 146.9	949.1	2 563.2	762.3	1 841.1	372.8	694.7
耕翻	2 967.6	939.8	3 465.6	1 026.0	2 072.6	360.4	775.4

2. 不同耕作方式对土壤容重的影响

不同耕作方式下砂质栗钙土农田土壤容重变化如表 4-9。跟踪监测表明，播种期免耕方式土壤容重最高。3 年平均，免耕较松耕与翻耕 0～10cm 增高 8.05%～15.0%，0～20cm 增高 5.10%～11.49%；免耕方式收获期较播种期土壤容重表现下降趋势，10～20cm 土壤较明显，免耕区 10～20cm 土壤容重由

1.65g/cm³ 降为 1.49 g/cm³，降低了 9.7%，由此收获期免耕土壤容重与松耕、翻耕的差距相对缩小。这与生长季的作物根系活动有关。监测表明，常规翻耕方式经过一个生长季节后土壤容重增加，0～10cm 的表土层增加较为显著，较播种期约增长 4.3%。

受降水、田间管理及自发沉实等作用影响土壤容重增高，这正是砂质栗钙土农田多年免耕后莜麦显著减产的重要原因。保持与改善土壤的孔性结构，为作物成苗与根系发育创造良好的肥力条件，成为维持作物产量、少耕降耗的关键。

表 4-9 不同耕作方式的砂质栗钙土农田土壤容重（g/cm³）

项目		免耕				松耕				翻耕			
		2007	2008	2009	平均	2007	2008	2009	平均	2007	2008	2009	平均
播前	0～10cm	1.65	1.65	1.52	1.61	1.55	1.54	1.37	1.49	1.5	1.38	1.31	1.4
	10～20cm	1.81	1.58	1.56	1.65	1.65	1.61	1.46	1.57	1.65	1.43	1.35	1.48
收后	0～10cm	1.65	1.43	1.45	1.51	1.59	1.44	1.39	1.47	1.58	1.43	1.38	1.46
	10～20cm	1.6	1.48	1.4	1.49	1.61	1.45	1.46	1.5	1.56	1.42	1.42	1.47

3. 不同耕作方式对土壤硬度的影响

土壤硬度亦为根系穿透阻力，综合反映了土壤的质地、容重、水分等性状。分析不同耕作方式土壤硬度监测结果如表 4-10。监测表明，免耕地各层土壤硬度均显著高于松耕和翻耕。播前 10～15cm 土层免耕地土壤硬度达 38.63 kg/cm²，较翻耕 2.53 kg/cm² 增高 14.5 倍。随作物生产，免耕地土壤硬度窄幅下降，而松耕与翻耕地硬度快速上升。收获期免耕土壤硬度降低为 32.94 kg/cm²，较翻耕 10.93 kg/cm² 高出 2.01 倍。翻耕地作物生育期间土壤硬度较容重更为宽幅的变异，对莜麦的根系发育与产量形成起了更大的影响。保持相对较低的土壤硬度成为作物高效生产的关键因素。

表 4-10　不同耕作方式的砂质栗钙土农田土壤硬度（kg/cm²）

时期	处理	年度	土层			
			0～5cm	5～10cm	10～15cm	15～20cm
播前	免耕	2007	25.39	36.25	38.05	42.87
		2008	26.71	37.41	39.20	44.81
	松耕	2007	6.75	12.44	28.67	37.92
		2008	7.11	13.55	28.67	38.09
	翻耕	2007	4.69	4.19	2.53	23.71
		2008	4.82	4.37	2.53	24.00
收后	免耕	2007	17.17	30.06	32.88	41.50
		2008	17.86	31.06	33.00	43.76
	松耕	2007	12.39	14.83	23.42	26.67
		2008	12.40	13.99	24.51	28.77
	翻耕	2007	14.22	13.33	10.04	29.61
		2008	13.96	13.08	11.81	28.91b

4. 不同耕作方式对根系分布的影响

不同耕作方式对栗钙土田莜麦根量影响明显（表 4-11）。从 0～20cm 土层根系总量来看，分蘖期和拔节期差异较大。两年平均，拔节期免耕、松耕和翻耕 0～20cm 土层根系总量分别为 2.421g/cm³、2.636 g/cm³ 和 3.018 g/cm³，松耕和翻耕较免耕分别高出 8.81%和 24.66%。到抽穗期，各处理之间的差异性减小。因此根量的减少与根系建成期晚成为免耕莜麦产量降低的直接原因。监测结果说明，免耕区由于容重高，土壤紧实僵硬，根系生长与下扎困难，而土壤表层更大变幅的温度、水分环境，导致免耕区莜麦生育频遭逆境胁迫，终致减产。

表 4-11　不同耕作处理下的莜麦根干重

时期	土层（cm）	年度	免耕	松耕	翻耕
			根重（g/dm³）	根重（g/dm³）	根重（g/dm³）
分蘖期	0～10	2007	1.169	1.258	1.339
		2008	1.088	1.225	1.315

（续）

时期	土层（cm）	年度	免耕	松耕	翻耕
			根重（g/dm^3）	根重（g/dm^3）	根重（g/dm^3）
分蘖期	10～20	2007	0.164	0.204	0.166
		2008	0.164	0.198	0.200
拔节期	0～10	2007	2.148	2.306	2.731
		2008	2.098	2.252	2.533
	10～20	2007	0.283	0.357	0.425
		2008	0.312	0.356	0.346
抽穗期	0～10	2007	3.224	3.207	3.145
		2008	3.205	3.357	3.298
	10～20	2007	0.419	0.476	0.635
		2008	0.433	0.492	0.568
成熟期	0～10	2007	2.777	2.799	3.009
		2008	2.983	2.998	2.987
	10～20	2007	0.363	0.346	0.470
		2008	0.348	0.366	0.501

三、林农带状间作增产增收效果显著

榆林间作小南瓜按 6m 林带、9m 南瓜带式，林瓜带状间作模式与传统作物耕作方式的生产与经济效果比较见表 4-12。试验研究表明，按占地面积计算，间作南瓜比单作增产 24.0%，榆树生物累积量增产 23.1%。农林带状间作下，南瓜带行往林带方向伸蔓，中间往两侧生长，最大程度地延展了南瓜的受光面积。农林带状间作的林带占地 40%，榆树林与南瓜间作系统的经济效益为6 210元/hm^2，这也比传统作物亚麻、芸豆、莜麦生产增值 2.6～3.6 倍。因此，以农林带状间作为特征的土壤保育性耕作，在配合调整作物种植结构条件下能实现生态—经济的兼顾进步。

表 4-12　林瓜带状间作下各作物产量和经济产值及与传统种植比较

项　　目	榆树林与南瓜带状间作				莜麦	亚麻	芸豆
	南　瓜		榆　树				
	间作*	单作	间作	单作			
生物产量（kg/hm²）	3 465.0	2 793.9	534.4	434.1	4 224	2 779	2 169
经济产量（kg/hm²）	1 725.0	1 400.0	—	—	1 408	473	759
经济产值（元/hm²）	10 350.0	8 400.0	—	—	1 689	1 335	1 404

* 9m 南瓜带宽的产量与产值。

第三节　带状耕作技术效果

一、固土减尘效果明显

坡梁旱地南瓜带状间作模式抗风蚀效应见表 4-13。以传统耕作（翻耕）为对照，比较带状间作的抗风蚀效果表明，南瓜种植带人工吹蚀量 3.44 g/次，较传统耕作高出 60.0%，而免耕带则降为 0.52 g/次，低于传统耕作达 75.8%。按各带占地比例进行加权平均，南瓜带种模式较传统耕作降低吹蚀量 41.9%。监测结果表明，从农田角度讲，南瓜带通过疏松种植带土壤，满足了作物根系发育要求，保证与提高了作物产量；而更大面积比例的免耕带，发挥着砂砾与杂草覆被地面固土减沙降尘的作用。南瓜带状间作成为农牧交错带半干旱风沙区兼顾生态与经济效益的较好耕种模式。

表 4-13　不同耕种模式抗风蚀效应

耕种模式		人工吹蚀量（g/次）	
		测定值	加权平均
传统耕作	（CK）	2.15	2.15
南瓜带种	带间免耕	0.52	1.25
	带种南瓜	3.44	

二、增产增收效果显著

采用育苗坐水移栽覆膜栽培，小西瓜、小南瓜都能够安全成苗。表 4 - 14 表明，在常年降水年型，小西瓜整个生育期雨养旱作耗水约 210mm，可获得产量 14 989.5～17 263.5kg/hm²，按一般市场价格，经济效益约为 12 000～12 800 元/hm²。在 2009 年度生育期降水量只有常年 56%条件下，采用沟灌方式补水灌溉 30 mm，可获得 41 850.0～42 720.0 kg/hm² 的产量。

表 4 - 14　坡梁栗钙土农田带种西瓜、南瓜生产效果

年　度	小西瓜					小南瓜	
	水分管理	品种	单株结瓜（个）	中心糖度（%）	产量（kg/hm²）	水分管理	产量（kg/hm²）
2007 年降水 201.6mm	移栽 0.5kg 水/株	黑美人	1.3	9.17	14 989.5	移栽 0.5kg 水/株	11 981.3
		华铃	1.3	9.42	15 949.5		
		京欣	1.3	8.33	17 263.5		
2009 年降水 139.6mm	移栽 0.5kg 水/株补水沟灌 30mm	黑美人	1.8	10.1	42 720.0	移栽 0.5kg 水/株	4 921.6
		京秀	1.6	11.2	41 850.0		

* 2008 年冰雹灾害绝收。

补水灌溉较雨养旱作具有一倍以上的增产潜力。相应小南瓜常年产量一般在 11 000 kg/hm²，经济效益约为 10 000 元/hm²。以当地传统作物莜麦为对照，小南瓜、西瓜产值约为莜麦的 3.7～4.7 倍。

在选用抗旱性较强的尖辣椒品种基础上（表 4 - 15），采取窄带距、集中施肥与地膜覆盖技术，在生育期降水量 140～200mm 下，通过补水 200～300 m³/hm²，尖辣椒产量可达 12 394～17 908 kg/hm²。在降水量 139.6mm 的干旱年份，覆盖地膜较裸地栽培辣椒增产 39.5%，水分利用效率（WUE）提高 43.6%。按当地市场价格，窄带补水尖椒每 667m² 产值 940～1 300 元，约为区域主栽作物莜麦的5～7倍。研究表明，配合作物生产结构的调整，建设旱作基本农田与适度补水可大幅度提高作物生产潜力，这也是华北农牧交错区作物稳产的重要前提。

表4-15　坡梁栗钙土农田带种辣椒生产效果

年度	降水量（mm）	处理	产量（kg/hm^2）	WUE（$kg/hm^2 \cdot mm$）	含水率（%）	补水情况（m^3/hm^2）
2007年	201.6	对照	12 394	47.6	90.6	补水3次总324m^3
		覆膜	12 600	49.1	90.8	补水3次总282m^3
2009年	139.6	对照	12 840	69.3	88.6	补水4次总202m^3
		覆膜	17 908	99.5	89.8	补水4次总202m^3

第五章　农牧交错半干旱偏旱风沙区保护性耕作技术效果

第一节　马铃薯与条播作物带状间作留高茬种植技术效果

一、作物留茬带固土减尘效果明显

1. 带状留茬减轻地面风蚀量

由于本地区的气候与土壤均不适宜植树，营建裸露农田的生物篱网就成为该地区治理农田风蚀的关键。为此在调研残茬覆盖防治风蚀技术的基础上，利用热球式风速仪连接自动数据采集器，研究发现麦类等条播作物留茬，不仅可降低留茬地近地面风速，减轻风蚀量，而且可以作为生物篱，显著降低相邻裸地农田的风蚀。减轻相邻裸地带的风蚀量，其保护相邻裸地带的主要作用是可以降低8.4m以内相邻裸地带的风蚀量50%以上（表5-1）。在典型栗钙土农田冬春大风季节连续三年测定风蚀量的结果表明，在丰水年（降水428mm）、平水年（降水325mm）和干旱年（降水282mm）采用麦类留茬与马铃薯带状间作轮作，留茬带的风蚀量降低84.1%～88.7%，平均为86.0%。与留茬带相间的3.6～8.4m裸露带风蚀量降低51.5%～68.3%。采用油菜留茬与马铃薯带状间作轮作，留茬带的风蚀量降低75.7%～82.4%，平均为79.0%。与留茬带相间的3.6～8.4m裸露带风蚀量降低50.0%～65.5%，与麦类留茬的防蚀效果基本接近。采用饲料玉米留茬与豆类带状间作轮作，留茬带的风蚀量降低68.5%～78.4%，平均为74.4%。与留茬带相间的3.6～8.4m裸露带风蚀量降低42.4%～50.4%。说明残茬覆盖能明显降低旱作农田的风蚀量。

表 5－1　不同风速条件下带状留茬减轻地面风蚀量的效果

类型	处　理	不同年份风蚀量（t/hm^2）			以对照风蚀量为 100％计算的相对值（％）			
		第 1 年	第 2 年	第 3 年	第 1 年	第 1 年	第 3 年	平均
对照	大面积裸地	5.30	6.92	7.86	100	100	100	100
	留茬带	0.79	0.78	1.25	14.9	11.3	15.9	14.0
燕麦	秋翻地 3.6m	1.86	2.15	2.26	35.1	31.1	28.8	31.7
薯类	秋翻地 6.0m	2.58	2.65	2.71	48.6	38.3	34.5	40.5
	秋翻地 8.4m	2.72	3.35	3.61	51.3	48.4	45.9	48.5
	留茬带	—	1.22	1.91	—	17.6	24.3	21.0
油菜	秋翻地 3.6m	—	2.45	2.64	—	35.4	33.6	34.5
薯类	秋翻地 6.0m	—	3.04	3.15	—	43.9	40.1	42.0
	秋翻地 8.4m	—	3.63	3.75	—	52.4	47.7	50.0
	留茬带	—	1.50	2.48	—	21.6	31.5	26.6
玉米	秋翻地 3.6m	—	2.82	3.02	—	40.8	38.4	39.6
豆类	秋翻地 6.0m	—	3.45	3.61	—	49.8	45.9	47.8
	秋翻地 8.4m	—	4.16	4.34	—	60.1	55.2	57.6

2. 不同作物带状留茬减轻风蚀量有差异

2002—2004 年，中国农业大学利用风蚀圈野外观测农田冬春休闲期带状间作留高茬与翻耕地农田土壤风蚀量表明，作物留高茬免耕带状间作较裸露农田土壤风蚀量明显降低（表 5－2）。2002 年 10 月～2003 年 3 月期间，带状间作留高茬土壤风蚀量分别比对照减少了 62.17％、47.44％和 7.75％。2003 年 10 月～2004 年 3 月农田休闲期，带状间作留高茬土壤风蚀量分别比对照减少了 80.59％、45.15％、8.91％和 70.59％。不同作物留高茬对裸露农田的保护作用不同，其大小顺序为：饲用谷子＞燕麦＞饲用玉米＞油菜。

表 5-2　作物留高茬对裸露农田的保护作用

处　理	风蚀率（t/hm²）		比对照减少率 CK（%）	
	2002—2003	2003—2004	2002—2003	2003—2004
裸露农田	12.9	10.1	—	—
马铃薯间作饲用谷子	4.88	1.96	62.17	80.59
马铃薯间作饲用玉米	6.78	5.54	47.44	45.15
马铃薯间作油菜	11.9	9.2	7.75	8.91
马铃薯间作莜麦	—	2.97	—	70.59

资料来源：中国农业大学博士学位论文，秦红灵，2007。

3. 不同带状留茬宽度减轻风蚀量有差异

在田间多年观测发现残茬生物篱作用的基础上，进一步通过野外风洞实验得到证实，在 8 级大风驱动下进行的 7.2m 长不同处理的风蚀量测定结果（表 5-3）表明，与麦薯间作田间试验结果减轻风蚀量 68.3%相近似，从而确立了用条播作物残茬在马铃薯等裸露农田建立生物篱网的带状留茬耕作技术。

以作物残茬生物篱作为风障虽然对相邻裸地带能够形成屏蔽保护作用，但随带宽加大残茬生物篱对间作裸地带的保护效果减弱，到带宽 8.4m，对间作裸地带的保护作用为减少风蚀量 50%左右，还不能完全解决生产上存在的风蚀问题，特别是带宽 8.4m 以上的农田。为此，在带状留茬间作组合的基础上，研究补充了高秆作物立秆留茬生物篱技术，把适宜北方旱地种植的油葵从庭院扩展到大田，形成了 3 行 1m 宽油葵立秆留茬带结合带状留茬间作的新组合，进一步加强了农田的防蚀作用，使残茬对裸地带的保护作用从 8.4m 延长到 15m。在大风季节多次田间风速检测试验表明，在 8 级大风时油葵生物篱配合 15m 宽间作带地面风速一般不超过起沙风速（5m/s）。长期定位试验的监测结果也表明，采用油葵立秆留茬带结合的带状留茬间作新组合，带状种植 15m 宽的马铃薯和豆类裸地风蚀量与 8m 带风蚀量没有显著差异。阴山北麓大面积示范田中多点监测结果只有5.1%的点位存在轻度风蚀现象，大部分示范区的风蚀得到了有效控制，既解决了部门地块宽度大于8m的问题，同时进一步加强了控制马铃薯、豆类裸地的风蚀量的效果，受到当地农民和政府的欢迎，也得到了有关部门和领导的充分肯定。

表5-3　带状留茬减轻风蚀的风洞实验结果

处　理	7.2m裸地	7.2m留茬田	1.8m两组间作带	3.6m一组间作带
风蚀量（g/m^2）	530.0	79.0	98.5	149.0
比裸地减（g/m^2）	—	451.0	431.4	388.0
风蚀降低率（%）	—	84.9	81.1	71.8

燕麦残茬带与等带宽秋翻地形成的带状间作农田的平均风蚀量分别为0.847t/hm^2、0.613t/hm^2、0.934t/hm^2、0.968t/hm^2和1.113t/hm^2，较大面积裸地降低风蚀率分别为70.83%、78.91%、67.84%、66.68%和61.67%。土壤风蚀量基本在带宽3m之内呈直线下降，基本到带宽3m时土壤风蚀量最低，带宽大于3m后小于7m这一阶段土壤风蚀量几乎又呈直线上升趋势，在7～10m间土壤风蚀量基本保持稳定，而当带宽高于10m后土壤风蚀量又呈直线上升趋势（表5-4，图5-1）。生产上带宽超出10m后土壤风蚀量呈直线递增，针对此种情况我们研究提出了油葵秆生物篱与带状留茬间作耦合技术，对进一步防治农田土壤风蚀起到了很好的作用。

表5-4　不同带宽土壤风蚀量变化

处　理	宽　度				
	1.2m	3.6m	6.0m	8.4m	10.8m
残茬带+裸地带	0.847	0.613	0.934	0.968	1.113
大面积裸地	2.905	2.905	2.905	2.905	2.905

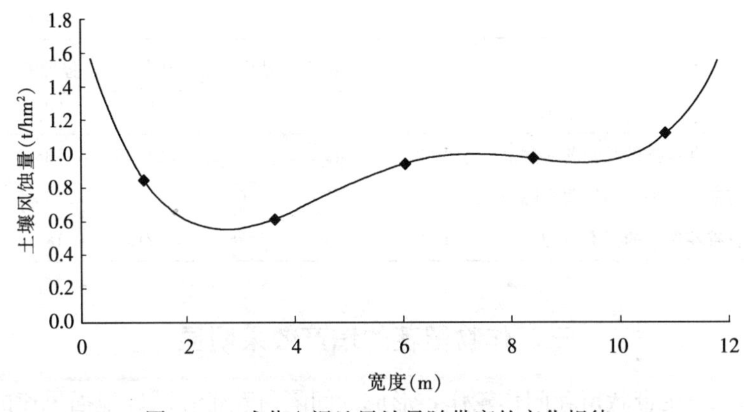

图 5-1　残茬+裸地风蚀量随带宽的变化规律

二、作物留茬带保墒效果明显

北方干旱半干旱地区采用带状留茬间作轮作，在解决地方特色作物马铃薯、豆类引起的风蚀问题的同时，很好地保留了秋雨春用和豆茬肥田的传统耕作优点，一方面保持了秋季耕翻松土多蓄降水的作用，另一方面减轻了冬春季地面风速而降低水分蒸发。采用不同耕作方法对土壤保墒作用影响的研究结果表明（表 5-5），不同耕法使土壤容重及孔隙度发生变化，引起蓄水保水能力的变化。翌年春季播种时 0～100cm 土层中的水分储量以谷茬带保护的豆类耕翻地最大，高达 180.0mm，比留茬地和无残茬保护耕翻地分别提高 48.4%和 29.9%，麦茬保护的马铃薯耕翻地次之为 153.5 mm，比留茬地和无残茬保护耕翻地分别提高 26.5%和 10.8%，说明秋翻耕作是实现秋雨春用的有效措施，对春旱严重的地区来说是非常重要的，也是传统秋翻耕作延续百年之久的主要原因。

表 5-5　不同耕法对耕层物理状况和 1m 土层贮水量的影响

处理	容重 (g/cm³)	孔隙度 (%)	秋雨入渗 (cm)	封冻贮水 (mm)	播前贮水 (mm)
麦类留茬地	1.48	44	45	158.0	121.3

（续）

处　理	容重 (g/cm³)	孔隙度 (%)	秋雨入渗 (cm)	封冻贮水 (mm)	播前贮水 (mm)
无残茬保护的马铃薯耕翻地	1.26	49	65	218.3	138.5
有麦茬保护的马铃薯耕翻地	1.22	58	60	205.2	153.5
有谷茬保护的豆类耕翻地	1.25	55	88	221.7	180.0

三、作物留茬的增产效果明显

采用带状留茬间作轮作，形成的间隔留茬带在减轻地面风速的同时，还有拦截冬雪的作用，裸露农田的雪基本是被大风吹失殆尽，雪后实测耕层含水率比裸地成倍增加，特别是大雪年份，到春季播种时留茬地的含水率比裸地可提高10%～15%，带状留茬间作轮作这种集雨、聚雪和保墒作用为增产也奠定了良好基础。

采用带状留茬间作轮作的增产效果不仅体现在集雨保墒作用方面，还有边行效应的作用也很显著，通过设置3.6m、6.0m、8.4m不同带宽的条播作物与穴播作物间作多年定位试验，监测的条播作物带边行增产效应分别为21.6%～31.0%、13.1%～21.9%、和7.5%～11.0%（表5-6）。

表5-6　作物带状间作与单一种植的产量比较

带宽 (m)	燕　麦			油　菜			饲用玉米		
	单产 (kg/hm²)	边行 (kg/hm²)	增产效应 (%)	单产 (kg/hm²)	边行 (kg/hm²)	增产效应 (%)	单产 (kg/hm²)	边行 (kg/hm²)	增产效应 (%)
对照	1 455.0	—	—	1 635.5	—	—	5 210.0	—	—
3.6	1 769.9	314.9	21.6	2 142.9	507.4	31.0	6 701.5	1 491.5	28.6
4.8	1 674.5	219.5	15.1	2 072.1	436.6	26.7	6 431.0	1 221.0	23.4
6.0	1 645.7	190.7	13.1	1 994.3	358.8	21.9	6 247.0	1 037.0	19.9
7.2	1 586.3	131.3	9.0	1 963.5	228.0	13.9	5 892.5	682.5	13.1
8.4	1 564.5	109.5	7.5	1 815.0	179.5	11.0	5 639.5	429.5	8.2

根据带状留茬间作的集雨保墒、边行效应增产机理，我们还通过调整作物配置，按照充分利用光热资源、平衡利用水肥、合理轮作倒茬和防治病虫害等基本原理，对当地生态适应性作物进行轮作组合的研究。开发出适宜区域产业发展方向并具有优势互补的多种形式间作轮作实用型组合，包括为卖而种的油菜留茬与马铃薯间作轮作、为牧而种草谷子、燕麦留茬与豆类间作轮作和农牧结合的玉米留茬与马铃薯间作轮作优化组合，在生产上应用推广。经多点示范区的综合增产效应检测结果（表 5-7）表明，增产效果显著，增产幅度为 12%～75%。典型试验田的增产幅度为 15.8%～109.6%。

表 5-7 带状间作轮作不同模式的增产效果

目的	间作轮作组合	试验田增产（%）	示范田增产（%）
为牧而种	燕麦留茬与豆类	15.8～89.4	15～65
为卖而种	油菜留茬与马铃薯	40.1～13.4	12～40
农牧结合	玉米留茬与马铃薯	22.8～109.6	20～75

秦红灵研究也表明，马铃薯与油菜间作时（表 5-8），间作油菜较单作种植的单产增加 26.39%，马铃薯间作单产也比单作增加了 23.53%。马铃薯与油菜间作时，间作谷子较单作种植单产增加了 29.23%，间作马铃薯较单作种植单产也增加了 10.73%。可见，带状间作时，油菜、饲用谷子作为上位作物，因边际效应使作物单产提高。下位作物马铃薯的单产比单作时增加，只是增产的效果没有上位作物大。

表 5-8 带状间作对作物产量的影响

模　式	作　物	产量（kg/hm²）	
		鲜重	干重
马铃薯与谷子带状间作	马铃薯	1 036.63	225.91
	谷子	4 009.07	1 179.4

（续）

模　式	作　物	产量（kg/hm²）	
		鲜重	干重
马铃薯与油菜	马铃薯	1 156.43	302.32
	油菜	164.51	136.3
单作	马铃薯	936.16	244.7
	谷子	3 846.9	912.67
	油菜	130.2	107.84

资料来源：中国农业大学博士学位论文，秦红灵，2007。

第二节　等高免耕留茬种植技术效果

一、保水、保土、保肥、抗风蚀效果明显

1. 渐进式等高田具有保水、保土、保肥、抗风蚀的效果

保水效应，通过田间标准径流池、田间模拟和通用径流方程三种方法，在定位试验田（武川县典型栗钙土）上测定了渐成式等高梯田的保水效应（表 5－9）为多蓄降水 5.6～16.2cm。

表 5－9　降水前后等高田与顺坡田 0～50cm 土壤水分增量比较

降雨量（mm）	强度（mm/min）	顺坡田降雨前后增量（mm）				等高田降雨前后增量（mm）	多蓄水量（mm）
		6.00	9.50	11.90	平均		
16.0	0.02	0.8	10.9	7.7	9.8	15.4	5.6
17.8	0.05	11.5	10.3	10.9	10.9	16.9	6.0
34.0	0.13	15.7	13.4	15.1	14.7	23.8	9.1
32.7	0.07	19.2	19.0	14.9	17.7	29.0	11.3
42.6	0.14	26.2	26.4	19.6	23.4	39.6	16.2

保土保肥效应，首先体现在控制水土流失后每年减少的侵蚀量，通过不同气候年型的划分可估算土壤侵蚀量的状况，中度侵蚀

年型：等高田最大保土效应为 1 400～1 600 t/km²；强侵蚀年型 2 907 t/km²；弱侵蚀年型 987 t/km²。

其次是土埂或植物篱减轻的风蚀量，由于等高田比顺坡田的地面粗糙度明显加大，抬高了起沙风速阈值，从而减轻了田间的风蚀。在 6～8 级风力条件下，等高田和植物篱与临近顺坡地的实测结果表明，10m 宽的等高田近地面 5cm 风速减小 55%，生物篱网近地面 5cm 风速减小 85%，使 6～8 级大风在等高田中的风速下降到起沙风速以下。

渐成式等高梯田在控制水蚀风蚀的同时也减少了养分的流失。多点检测每年可减少有机质流失 32.2～81.1t/km²，减少水溶性磷流失 18.7～47.0t/km²。特别是采用定向翻耕加厚了耕层，扩大了土壤有效养分的库容，加快了养分转化速度。定位试验结果，比较定向耕翻、横坡种植与顺坡种植不同土层的养分含量，由于表土流失严重，0～10cm 速效养分以顺坡种植最低；10～20cm 三者接近；由于破除障碍层和促进生土熟化，20～30cm 定向耕翻处理的各种速效养分均明显增加，从而提高了根区土壤的有效养分数量和供肥水平。

2. 免耕留茬保水、保土、保肥、抗风蚀的效果尤为明显

不同免耕处理土壤水蚀均表现为随着坡度的增加而加剧，但是增加的幅度有所不同（表 5－10），留高茬覆盖、留低茬覆盖、留高茬、留低茬和常规耕作 5 个处理在坡度为 7°4′的地表水年总径流量分别较坡度为 4°6′增加了 18.18%、14.36%、14.14%、16.89%和 19.70%，土壤年总流失量分别增加了 19.00%、17.55%、17.34%、20.55%和 20.63%。说明留高茬覆盖和留低茬覆盖能够减小坡度带来的水蚀状况。在降雨强度较小的 7 月 26 日、29 日和 8 月 21 日，不同坡度对应处理之间差值也较小，之后随降雨强度的增加，差值明显增大。降雨强度达到 23.47mm/h 时，坡度为 7°4′的常规耕作地表水径流量和土壤流失量分别为 62 775.0 L/hm² 和 253.3 kg/hm²，而坡度为 4°6′时，分别为 52 312.5 L/hm² 和 210.0 kg/hm²。土壤的流失量随降雨量的增加呈现缓慢上升趋势。

表 5-10　不同坡度对各免耕处理土壤水蚀量的影响

坡度	日期	径流量（$\times 10^4$ L/hm^2）					土壤流失量（kg/hm^2）				
		留低茬	留低茬覆盖	留高茬覆盖	留高茬	常规耕作	留低茬	留低茬覆盖	留高茬覆盖	留高茬	常规耕作
4°6′	6月3日	0.33	0.32	0.29	0.33	0.36	46.5	32	30.2	44.3	71
	7月6日	0.19	0.18	0.17	0.19	0.22	26.3	13	11.5	25	47.4
	7月29日	0.18	0.16	0.16	0.18	0.22	10.5	4.6	3	9.8	22.5
	8月2日	3.12	2.95	2.99	3.1	3.4	108.6	90.3	81.7	101	123
	8月13日	5	4.12	3.96	4.79	5.23	201	171	165	193	210
	8月21日	0.28	0.19	0.18	0.23	0.35	33	18.9	17.2	31.6	45.1
	8月27日	1.76	1.43	1.38	1.69	1.94	50.8	43	41.4	48.1	61.3
	9月13日	2.95	1.93	1.9	2.87	3.05	65	58.3	57.7	62	98.2
7°4′	6月3日	0.39	0.36	0.34	0.38	0.43	55.34	37.62	35.44	52.48	85.65
	7月6日	0.22	0.2	0.2	0.22	0.27	31.3	15.28	13.5	29.62	57.18
	7月29日	0.23	0.19	0.18	0.21	0.26	12.5	5.41	3.52	11.61	27.14
	8月2日	3.69	3.37	3.41	3.63	4.07	129.23	106.15	95.87	119.64	148.37
	8月13日	5.92	4.71	4.52	5.61	6.28	239.19	201.01	193.63	228.63	253.32
	8月21日	0.26	0.23	0.21	0.25	0.39	39.27	22.22	20.18	37.43	54.4
	8月27日	2.08	1.63	1.57	1.98	2.32	60.45	50.55	48.58	56.98	73.95
	9月13日	3.5	2.21	2.16	3.36	3.66	77.35	68.53	67.71	73.45	118.46

内蒙古农业大学3年连续研究表明（表5-11），留高茬的径流量分别较传统耕作减少34.8%、72.3%、32.2%，相应的土壤侵蚀量分别较传统耕作减少44.5%、38.4%、62.5%；留高茬覆盖的径流量分别较传统耕作减少62.3%、68.4%、67.5%，相应的土壤侵蚀量分别较传统耕作减少74.2%、52.3%、75.6%。保护性耕作显著降低了水土流失量，尤其是秸秆覆盖耕作方式的保水保土效果更明显。

表 5-11　作物留高茬对土壤水土流失量的影响

年度	留高茬		留高茬覆盖		传统耕翻	
	地表径流量 (m^3/hm^2)	土壤侵蚀量 (kg/hm^2)	地表径流量 (m^3/hm^2)	土壤侵蚀量 (kg/hm^2)	地表径流量 (m^3/hm^2)	土壤侵蚀量 (kg/hm^2)
2004	52.24	644	30.38	300	80.48	1 162.5
2005	27.21	279	30.96	216	98.12	453.0
2006	240.36	970.5	115.19	928.5	354.56	2 586

二、增产增收效果显著

1. 等高梯田耕作增产效果明显

采用等高梯田耕作技术，不仅比水平梯田省工省时省投资，而且增产效果显著，特别是建成第一、二年。内蒙古农牧业科学院定位试验结果（表 5-12）表明，第一年平均增产 23.7%，其中定向翻耕效应占 10.6 个百分点。第二年为 39.2%，其中定向翻耕效应占 17.6 个百分点。第三年为 41.2%和 20.8 个百分点。建成 3 年以上平均单产已达到本地区的作物最大综合生产潜力 2 475 kg/hm^2 的 64.1%。

表 5-12　不同年份等高田对小麦单产的影响（kg/hm^2）

坡　度	第一年		第二年		第三年	
	单产	增产（%）	单产	增产（%）	单产	增产（%）
6°顺坡	913.5	—	1 084.5	—	1 167.0	—
6°横坡	984.0	8.8	1 285.5	18.5	1 380.0	18.2
6°等高	1 102.5	21.9	1 495.5	37.9	1 564.5	34.1
11.9°顺坡	823.5	—	1 065.0	—	1 054.5	—
11.9°横坡	922.5	12.5	1 245.0	16.8	1 300.5	23.3
11.9°等高	1 033.5	25.5	1 495.5	40.4	1 564.5	48.4

内蒙古农牧业科学院对阴山北麓不同年降水量地区等高田第二

年的测产结果（表 5－13）表明，生育期降水 200～300mm 地区，增产效果为 27.5％～61.5％，年降水量每增加 10mm，增产率提高 3.9 个百分点，生育期雨量越大增产效果越高。

表 5－13　不同年降水量地区等高田的增产效应

取样点	生育期降雨量（mm）	顺坡田（kg/hm²）			等高田（kg/hm²）	增产（%）
		3～5°	9～12°	平均		
察右中旗米粮局	300	1 059.0	990.0	1 024.5	1 654.5	61.5
武川县大豆铺	273	1 180.5	925.5	1 053.0	1 594.5	50.7
武川县东土城	253	1 114.5	1 000.5	1 057.5	1 405.5	32.9
察右后旗红格尔	225	1 050.0	949.5	999.0	1 300.5	30.2
四子王旗供济堂	210	675.0	525.0	600.0	765.0	27.5

内蒙古武川县大斗铺乡从 1994 年开始大面积应用等高田及配套技术体系，粮食产量成倍增长，连续多年一直坚持按照生态治理模式进行坡耕地改造，全乡 90％以上的坡耕地全部实现了等高种植，到 1998 年比实施生态治理前的 1993 年粮食总产翻两番，人均收入从 400 元提高到 2 000 元，开辟了农牧交错带生态保护与增产增施双赢的新途径。1998 年 5 月 12 日德国七十多位农业专家和农场主组成的访华考察团前来观看了等高田建设，认为等高田的科学性值得肯定。1997 年以来，内蒙古自治区连续十年在全区 3 000 万亩坡耕地推广该项技术成果，取得了较大的经济和生态效益。

2. 在等高田上留茬免耕增产效果更为显著

谷子、燕麦和胡麻免耕留高茬覆盖种植的单产分别较传统耕翻高 16.4％、18.4％和 16.4％（表 5－14），三种作物免耕留高茬种植的单产分别较传统耕翻高 9.6％、8.8％和 9.3％。可见，在实施免耕种植时，留高茬并辅助有秸秆覆盖增产效果更佳。

表 5－14　免耕留高茬对作物产量影响

作物	留高茬（kg/hm²）	留高茬覆盖（kg/hm²）	传统耕翻（CK）（kg/hm²）	留高茬覆盖较CK（%）	留高茬较CK（%）
谷子	2 364	2 246	2 031	16.4	9.6
燕麦	1 197	1 108	1 011	18.4	8.8
胡麻	525	497	451	16.4	9.3

第三节　留高茬深松免耕蓄水保墒耕作技术效果

一、作物免耕留茬深松保水保肥效果明显

1. 保水效果

从表 5－15 可见，三年内土壤含水率以 2008 年为最高，2007 年与 2009 年土壤含水率相差不大。各个土层相比较，其中 2008 年 0～20cm 含水率最高，2008 年在各个土层中，从上向下表现为递减的趋势。而在 2007 年中层土壤含水率最高，其次是 40～60cm，最低的为 0～20cm。不同耕作方式下，含水率大小顺序为：年年深松＞免耕＞年年浅松＞隔年深松＞浅旋＞传统。分析其原因，这主要是由于 2008 年降雨量要明显高于 2007 年和 2009 年。2007 年截至目前，武川县降水量累计仅为 103mm，有效降水较少。2008 年降水量 419.4mm，与历年同期相比偏多 18%；2009 降水总量约为 230～280mm，降水主要集中在 6 月中旬、8 月后半月。多年试验结果表明，免耕和深松保水能力都较传统耕作要强。

表 5－15　2007—2009 年不同耕作方式土壤含水率

处理	2007			2008			2009		
	0～20	20～40	40～60	0～20	20～40	40～60	0～20	20～40	40～60
免耕	6.63	6.93	7.52	8.64	7.32	5.47	7.04	6.13	5.46
传统	5.55	6.10	6.00	8.13	7.18	5.19	5.64	5.76	5.32

（续）

处理	2007			2008			2009		
	0～20	20～40	40～60	0～20	20～40	40～60	0～20	20～40	40～60
年年深松	6.35	6.65	6.42	8.77	7.95	6.01	5.38	5.58	6.03
年年浅松	6.06	6.52	6.40	8.51	6.41	5.42	5.64	6.64	5.88
浅旋	6.12	6.17	6.08	8.27	7.23	5.65	5.87	5.99	5.12
隔年深松	6.04	6.15	5.83	8.41	6.87	5.59	5.38	5.68	4.59

2. 保肥效果

有机质含量免耕和深松较传统耕作高。2007 年各处理下不同土层有机质含量均随深度加深而减少，免耕各处理有机质含量表现趋势为：免耕＋深松＞免耕＋浅松＞免耕＋浅旋＞传统耕作，各处理中有机质含量最高的是年年深松。0～20cm 土层，为 16.62g/kg，相比传统耕作有机质增加了 42.5％。2008 年不同耕作方式下土壤有机质含量随土层深度逐渐降低，其中表层差异大，深层差异小。在 0～20cm 土层，土壤有机质含量由高到低是免耕、年年深松、隔年深松、年年浅松、浅旋和传统耕作，其中年年深松和免耕比传统耕作有机质含量提高了 41.5％、40.8％，免耕条件下有机质含量的增加主要是覆盖的秸秆腐烂分解所致；在 20～40cm 土层，免耕、年年深松是传统耕作土壤有机质含量的 46％、44％；在 40～60cm 土层，各处理无明显差异（图 5－2）。免耕条件下，有机质主要积累于土壤表层，而耕翻体系中有机物随土壤耕作较均匀地分布于整个耕层。但对整个土壤耕层来说，传统耕作的有机质含量均低于其他耕作方式。相比两年有机质含量，2008 年土壤有机质要高于 2007 年，免耕处理 2008 年较 2007 年提高 29.5％，而传统耕作反而下降 29.1％，其他四种耕作方式有机质含量也都有所增加，但增加的幅度不大。

养分含量免耕和深松较传统耕作高。不同耕作方式下土壤碱解氮的含量表现出一定的差异性，在 0～20cm 土层，传统耕作下土壤碱解氮含量为 35.7mg/kg，免耕各处理平均为 30.7 mg/kg，浅旋为 33.8 mg/kg；在 20～40cm 土层，传统耕作下土壤碱解氮含量为

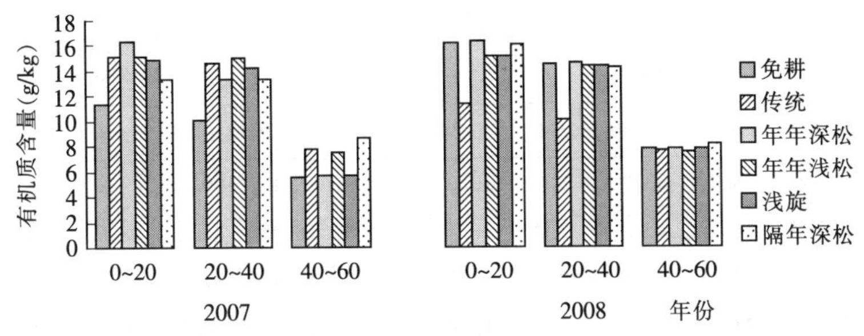

图 5-2　2007—2008 年土壤有机质含量（g/kg）

43.4mg/kg，免耕各处理平均为 39.5 mg/kg，浅旋为41.3 mg/kg；在 40～60cm 土层，传统耕作和浅旋碱解氮含量较高。土壤速效磷含量呈先下降后上升型变化的趋势，其中年年深松和免耕土壤速效磷含量整体高于其他处理。在 0～20cm 土层，速效磷含量表现为年年深松＞免耕＞年年浅松＞隔年深松＞浅旋＞传统耕作，其中年年深松和免耕速效磷含量比传统耕作分别增加了 46.3%、39.0%；在 20～40cm 土层，年年深松速效磷含量为 16.71mg/kg，较传统耕作增加了 6.20 mg/kg，免耕速效磷含量为 15.10 mg/kg，较传统耕作增加了 4.60 mg/kg；在 40～60cm 土层，免耕、年年深松对于土壤速效磷的增加作用显著，是传统耕作的速效磷含量的 22.7%倍、14%。在0～20cm 土层，速效钾含量由高到低依次为：年年深松＞免耕＞年年浅松＞隔年深松＞传统耕作＞浅旋，其中年年深松、免耕的速效钾含量分别比传统耕作增加了 17.15 mg/kg、12.15 mg/kg；在 20～40cm 土层，各处理速效钾含量表现为年年深松＞免耕＞年年浅松＞隔年深松＞传统耕作＞浅旋，其中年年深松和免耕比传统耕作提高了 10.9%、7.2%；在40～60cm 土层，各处理速效钾含量差异不显著（表 5-16）。

表 5-16　2008 年不同作业方式土壤速效养分含量（mg/kg）

处理	碱解氮			速效磷			速效钾		
	0～20	20～40	40～60	0～20	20～40	40～60	0～20	20～40	40～60
传统耕作	35.7	43.4	36.3	13.6	10.5	15.0	82.95	80.4	70.5

（续）

处理	碱解氮			速效磷			速效钾		
	0～20	20～40	40～60	0～20	20～40	40～60	0～20	20～40	40～60
年年深松	33.2	39.8	33.6	19.9	16.7	18.4	100.2	89.2	81.7
隔年深松	28.4	40.2	33.2	16.4	12.2	16.0	84.4	82.5	80.3
年年浅松	28.8	39.2	32.7	18.1	14.6	16.3	87.5	84.7	79.5
免耕	32.4	38.6	32.5	18.9	15.1	17.1	95.1	86.2	82.3
浅旋	33.8	41.3	35.5	14.0	11.3	16.0	80.5	77.2	78.2

二、作物免耕留茬深松具有节能减排的效果明显

1. 免耕留高茬高覆盖处理比常规耕作 CO_2 排放通量明显减少

以免耕燕麦为例，由图 5－3 可见，在各测定时期，常规耕作 CO_2 排放通量最大，其次为免耕留低茬低覆盖处理、免耕留高茬低覆盖处理和免耕留低茬高覆盖处理，免耕留高茬高覆盖处理最低。以 7 月 9 日苗期为例，CO_2 排放通量免耕留低茬低覆盖处理为 709.95 mg/m^2·h、免耕留高茬低覆盖处理为 676.97 mg/m^2·h、免耕留低茬高覆盖处理为 599.01 mg/m^2·h 和免耕留高茬高覆盖处理为 571.18 mg/m^2·h 分别是常规耕作 795.55 mg/m^2·h 的 89.24%、85.09%、75.29%和 71.80%。就测定期间 CO_2 平均排放通量比较，免耕留低茬低覆盖处理、免耕留高茬低覆盖处理、免耕留低茬高覆盖处理和免耕留高茬高覆盖处理分别比常规耕作排放通量减少 14.61%、19.73%、32.25%和 41.97%（表 5－17）；免耕留茬覆盖各处理 CO_2 排放通量与常规耕作差异显著（$P<0.05$），免耕同一留茬高度不同覆盖量处理间差异显著（$P<0.05$），而免耕同一覆盖量不同留茬高度间差异不显著（$P<0.05$）（表 5－17）。表明秸秆覆盖比留茬高度对 CO_2 排放通量的影响更为明显。但就少雨多风的研究区而言，适当的留茬高度是提高秸秆覆盖效率的保证。

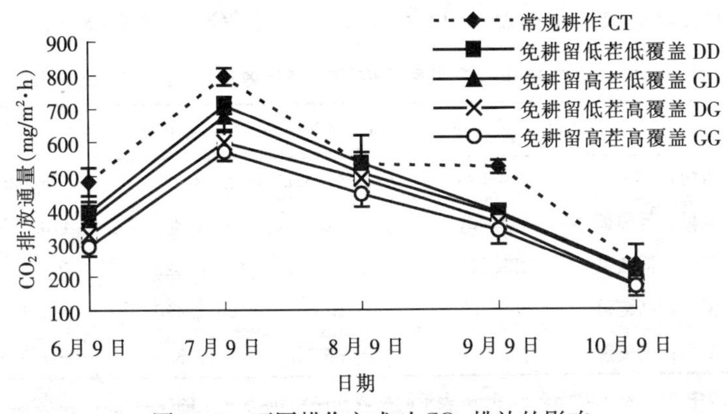

图 5-3　不同耕作方式对 CO_2 排放的影响

2. 免耕留高茬高覆盖处理农田温室气体综合排放效应较常规耕作明显减少

按照国际衡量温室气体效应的方法，根据 CH_4 和 N_2O 在过去 100 年内相对 CO_2 的增温潜势（GWP）分别为 CO_2 的 25 倍和 298 倍。若以 CO_2 排放通量 $1mg/m^2 \cdot h$ 的 GWP 为 1，可求 CH_4 和 N_2O 排放通量的 CO_2 当量（$E-CO_2$），从而计算出各处理在测定期间 CO_2、CH_4 和 N_2O 的温室气体综合排放效应（$mg\ CO_2/m^2 \cdot h$ 当量）（表 5-17）。从表 5-16 数据显示，5 个处理在测定期间温室气体综合排放效应为常规耕作最大，其次是免耕留低茬低覆盖处理、免耕留高茬低覆盖处理和免耕留低茬高覆盖处理，免耕留高茬高覆盖处理最小，这一结果与 CO_2 排放通量变化相一致，与 CH_4 和 N_2O 排放通量变化相反。免耕秸秆覆盖有利于温室气体减排，免耕留低茬低覆盖处理、免耕留高茬低覆盖处理、免耕留低茬高覆盖处理和免耕留高茬高覆盖处理分别比常规耕作综合排放通量减少 13.61%、16.64%、24.97%和 30.64%。免耕留高茬低覆盖处理比免耕留低茬低覆盖处理综合排放通量多减少 3.03%，免耕留高茬高覆盖处理比免耕留低茬高覆盖处理综合排放通量多减少 5.67%；免耕留低茬高覆盖处理比免耕留低茬低覆盖处理综合排放通量多减少 11.36%，免耕留高茬高覆盖处理比免耕留高茬低覆盖处理综合排放通量多减少 14.00%；表明覆盖减排效应高于留茬。

表 5-17 不同耕作方式温室气体综合排放效应（mg $CO_2/m^2 \cdot h$）

处理	CO_2 排放效应 CO_2	CH_4 排放效应	N_2O 排放效应	综合温室效应
常规耕作	513.92a	−41.33a	2.93a	475.52a
免耕留低茬低覆盖	448.42b	−34.20bc	4.34b	418.55b
免耕留高茬低覆盖	429.23bc	−29.97b	8.42c	407.69b
免耕留低茬高覆盖	388.60cd	−19.55c	11.47d	380.52bc
免耕留高茬高覆盖	362.00d	−11.35c	13.35e	364.00c

表中小写字母 a、b、c、d、e 表示同列数据在 0.05 水平上的差异显著性。

三、作物免耕留茬具有增产效果明显

2007 年各处理产量表现为免耕>年年深松>隔年深松>年年浅松>浅旋>传统耕作，并且各处理产量均明显低于普通年份；2008 年年年深松和免耕由于蓄水保墒能力好于传统耕作，产量明显高于传统耕作和浅旋耕作。各处理经济产量表现为年年深松>免耕>隔年深松>年年浅松>传统耕作>浅旋，免耕中年年深松、免耕、隔年深松、年年浅松的经济产量分别是传统耕作产量的 2.59 倍、1.92 倍、1.47 倍、1.16 倍。2007 年与 2008 年两年产量差别明显，免耕和年年深松在 2007 年是 2008 年的 3 倍多，而传统耕作 2008 年经济产量大约为 2007 年的 7 倍，由此可见，传统耕作在内蒙古阴山北麓几乎是靠降雨量多少来定产量的，农民收入极其不稳，而保护性耕作即使在干旱的年份，也能保证一定的产量，相比 2007 年与 2008 年免耕与传统耕作两种作业方式，免耕经济产量是传统耕作的 5 倍（表 5-18）。

表 5-18 2007 年与 2008 年燕麦产量比较

处 理	2007		2008	
	生物产量	经济产量	生物产量	经济产量
免耕	1 689	498	7 128	1 524

（续）

处　理	2007		2008	
	生物产量	经济产量	生物产量	经济产量
传统	368	107	4 349	692
年年深松	1 620	472	7 745	1 793
年年浅松	1 488	406	5 567	805
浅旋	1 370	378	4 048	590
隔年深松	1 558	450	6 269	959

第六章　农牧交错干旱风沙区保护性耕作技术效果

第一节　农牧交错干旱风沙区砂田耕作法技术效果

一、砂田耕作法蓄水保墒增温减尘效果明显

砂田耕作法本身就是一种在恶劣生态环境下产生的农作方法，它之所以能长期立足，关键就在于其具有明显的生态效益。

1. 铺砂后对农田蓄水能力增强

在宁夏中部干旱带，由于降水量极其有限，农田土壤水分含量的不足，严重制约了农作物的生存与产量的形成。在农田表面铺设砂砾层后，由于砂砾大小不一，形态各异，结构孔隙大，渗透性好，在雨季增加了渗水能力，杜绝径流，可将有限降水充分蓄积到土壤层内，加之砂砾层的阻隔作用，可明显减少土壤水分的蒸发量(图 6-1)，使砂田土壤水分含量明显高于一般裸田。据宁夏大学农学院试验测定，在春季尚未种植农作物之前，土壤水分受外界因素影响较小的情况下，砂田不同层次土壤含水率均高于裸田(图 6-1)。从平均值来看 0～40cm 土壤平均含水率砂田为 14.6%，裸田为 11.1%，砂田较裸田提高了 3.5 个百分点，相对提高 31.5%。如果以每 667m^2 0～40cm 土壤重量为 20 万 kg 粗略估算，砂田经过一个冬春季节的土壤水分运动，可比裸田多保水 19.88mm，说明砂田覆盖耕作法有明显的蓄水与保水性能，这对维持、提高雨养旱作区作物产量有重要作用。

不同层次土壤水分变化以 0～10cm 土层内水分变化最为明显，砂田和裸田两者土壤含水量相差 5.3 个百分点，砂田含水量相对提高了 74.4%；此后随耕层加深，两者差距逐渐变小，

如10～20cm两者差距为2.5个百分点，砂田相对高22.6%；20～30cm两者差距为3.0个百分点，砂田相对高22.5%；30～40cm两者差距为2.2个百分点，砂田相对高15.3%。砂田土层中水分含量上高下低的梯度变化可能与所覆砂层阻碍了土壤表层与大气的直接接触、毛管水运动到土壤上层有关。上层土壤水分含量较多有利于作物的萌发与出苗，这对于干旱地区缓解春旱是十分有利的。

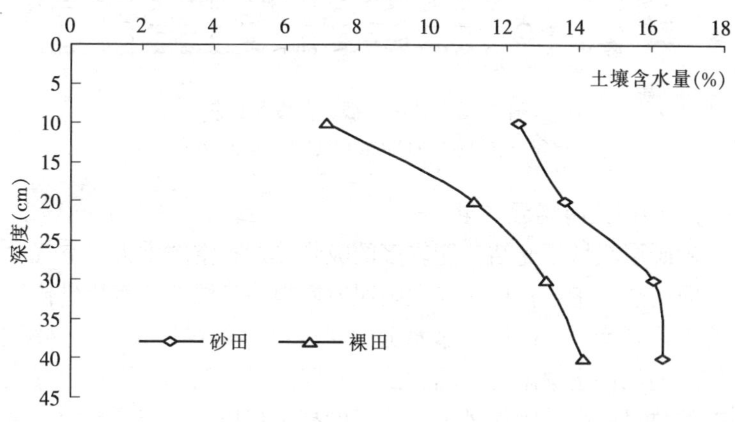

图6-1 砂田与大田不同深度土壤含水量

2. 砂田具有减少土壤蒸发量作用

土壤层在砂砾层的保护下，避免了直接的风吹日晒，砂砾层孔隙大切断了土壤毛管作用，使土壤水分被阻隔在砂砾层下，土壤水分的蒸发率明显减少，提高了土壤含水量。据宁夏大学农学院测定，在5～9月期间砂田蒸发量可比裸田减少28.7%。从两种类型田间蒸发量变化趋势来看，虽然总体变化趋势基本一致，但砂田蒸发的变化幅度明显低于裸田。说明砂田在减少蒸发的前提下，可保持土壤水分含量的相对稳定性。砂田这种减蒸效果是砂田保水效果较好的主要原因（图6-2）。

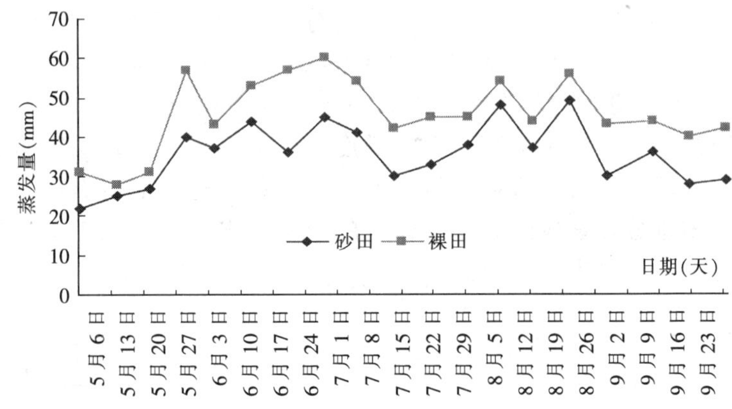

图 6-2 砂田、裸田蒸发量比较

（每个点表示时间间隔内逐日蒸发量累加值）

3. 砂田具有增温效果

砂砾层粗糙不光洁，能较多的吸收热量；空隙度大，空气含量多，因而热容量小；白天受太阳照射后很快升温，并将热量传导到土壤中，到晚上，砂田土壤水分含量较高，热容量大，放热缓慢，能较好的保持土壤温度。同时由于砂田蒸发量较低，因水分蒸发而消耗的热量较少，因而砂田土壤温度高于裸田。据宁夏大学农学院测定（图 6-3），砂田 0～20cm 土壤耕层均有增温效果，平均每天

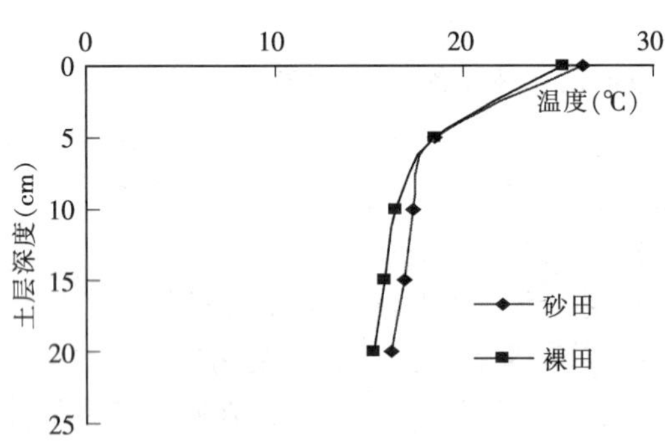

图 6-3 不同土层日平均温度变化

可比裸田增温 0.96℃。在西瓜约 100 天的生长期内 0～20cm 土层可增加地积温约 100℃，这对于海拔高度相对较高、气候相对冷凉的宁夏中部干旱带，西瓜安全生长及提前上市有重要意义，一般砂田西瓜可提前 7～10d 成熟。

4. 砂田具有减尘效果

在宁夏中部干旱带，干旱少雨、气候干燥、植被稀疏、风大沙多，平均风速达到 3.4m/s，在常规耕作条件下，冬春季节农田裸露疏松的土壤被大风吹失，给宁夏沙尘暴天气提供了丰富的沙源。覆盖砂砾之后的砂田由于地面粗糙度的增加减缓了地表风速，尘土不易吹失，可有效减少大风天气的扬尘量，降低干旱区的风蚀沙害。据宁夏大学农学院对地表以上 0.2～1.6m 高度砂田与裸田在大风天气扬沙量的采集数据分析得出（图 6－4）：地表上 0.2m 处，砂田平均集沙量为 39.2mg，大田为 89.8mg，砂田比大田减少 47.7mg，相对减少 52.9％。1.5m 空间层，砂田平均集沙量为 33.6mg，大田为 65.3mg，相对减少沙尘量 31.7mg，相对减尘 48.55％。在 0.5m、0.8m、1m 空间层，砂田相对大田分别减尘 45.5％、38.4％、34.1％。以地表减尘最为明显，随高度增加减尘效果递减。

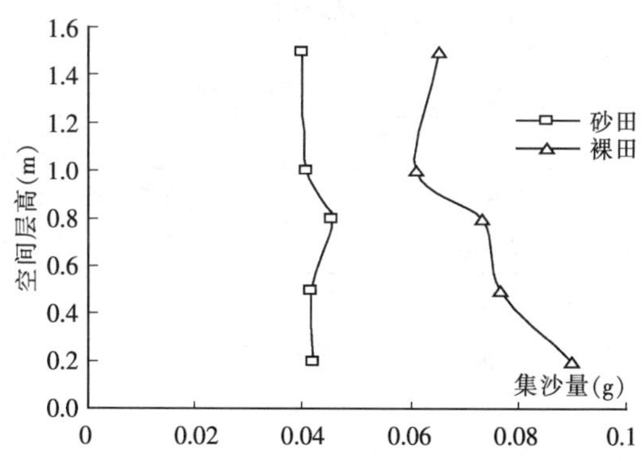

图 6－4　砂田与大田不同空间层集沙量比较

5. 砂田的抑盐作用

砂田能够充分地接纳雨水，增强了土壤的渗透力和淋溶作用，使土壤盐分下移，另一方面由于砂砾层切断了土壤的毛细管，土壤蒸发量减少，因而盐分在土壤上层聚积量减少，这样就有效地控制了土壤盐渍化，农谚称“砂压碱，刮金板”，其道理就在于此。

据宁夏大学农学院对种植1～17年的砂田土壤含盐量的分析结果表明，种植一年的砂田土壤含盐量为0.21g/kg，此后随种植年限增加而逐年降低，到第17年时降至0.05g/kg，第17年与第1年相比较，第17年时的土壤含盐量相对第1年降低了71.4%。土壤含盐量的降低为作物生长提供了良好的生存环境，是砂田作物能够增产的原因之一。

6. 砂田对生态恢复的影响

传统砂田一般经20～30年的使用期后，由于覆砂层混入大量土壤，砂层堵塞、板结，砂田功能就会逐渐减弱。农民的传统做法，一是重新筛砂、铺砂或在原砂层上再叠一层砂（叠砂田），重新使用，另外也有撂荒不用的现象。一些生态学者曾担心这样会造成“人造戈壁”。针对这种情况宁夏大学农学院的调查分析结果表明，即使老化砂田撂荒不用，其残存的蓄水保墒功能仍好于原生荒地（表6-1）。而土壤养分含量要高于连续种植17年的砂田，主要原因是撂荒后地力自然恢复的结果。

表6-1　撂荒砂地的残存功能

类型 \ 项目	土壤含水量（%）						土壤养分含量			
	0～20cm	20～40cm	40～60cm	60～80cm	平均	%	有机质(g/kg)	碱解氮(mg/kg)	速效磷(g/kg)	速效钾(g/kg)
撂荒砂田	10	13	15.4	19	15	226	9.85	7.9	2.3	143
原生荒地	8.2	5.6	5.6	6.5	6.5	100	—	—	—	—
连续种植17年砂田	11	12	10.67	9.5	11	136	9.1	8.3	2.3	109

因此，撂荒砂田的植被虽然种类上比原生地有所减少，但植物

生长覆盖度等指标明显好于原生荒地，这在我们的调查过程中曾多次观察到这样的情况。所以，我们认为即使砂田撂荒不种也不会出现所谓的“人造戈壁”现象。

二、砂田增产增收效果显著

由于砂田耕作法良好的生态功能给农作物创造了一个明显好于原生境的生产环境，因此，农作物增产较多，经济效益显著。

如宁夏中卫市香山地区多年平均降水量只有200mm左右，在没有发展压砂地之前，农田采用常规土壤耕作法，一般有两种土壤耕作体系：

1. 夏收作物的土壤耕作体系

春小麦——麦收后伏耕一次（接纳雨水）雨季结束前浅耕一次——耙耱保墒——冬季耙耱镇压——第二年种植春小麦

2. 秋收作物的土壤耕作体系

雨季前耕翻1～2次——雨季降雨后抢墒播种（糜子、谷子、麻籽、马铃薯等）——秋季耕翻——冬春季耙耱、镇压。

这两种传统土壤耕作体系虽然也是通过对自然降水的接纳与保蓄来进行作物生产的，但地面缺乏覆盖物，避免不了水土流失，更无法阻止地面水分蒸发，因此，降水利用效率和生产效率低下。更重要的是冬春季节地面疏松裸露，风蚀严重，是宁夏沙尘暴天气沙尘的主要来源。

传统土壤耕作条件下的农作物产量低下，而且极不稳定。丰雨年份产量糜谷1 500～3 000kg/hm^2，小麦1 800～2 250kg/hm^2，麻籽2 250～2 700kg/hm^2；干旱年份，糜谷、小麦只有300～450kg/hm^2，甚至绝产。经济效益糜谷在540～1 875元/hm^2，小麦750～3 750元/hm^2。在压砂之后，种植西甜瓜虽然也受干旱胁迫，产量在丰雨与干旱年份同样波动较大，但比较效益远高于传统耕作下的各类作物（传统耕作下不能种植西瓜）。从近年中卫香山地区西甜瓜的收益情况看，2003年是西甜瓜种植效益最好的一年，西瓜平均每公顷产量39 000kg，每千克售价平均0.36元，每公顷产值14 040元，除去压砂、种子、肥料、机械等成本每公顷3 000元之外，收益为11 040元，是糜谷的5.88倍，是小麦的2.9倍。2005年是50年不遇的大旱之年，年降雨量只有50mm，各类作物均严重受旱，砂田西瓜平均公顷产量下降到11 250kg，收益为5 250元，但同年传统耕作下的小麦等作物80%旱死，没旱死的每公顷产量只有345kg，只收回了种子。

由于砂田西甜瓜相对稳定的收益，使瓜农得到了巨大的经济实惠。2003年，香山地区的三眼井、景庄乡有30%种瓜农户收入达10万以上，50%农户达到5万元以上。2007年，中卫市压砂地面积达到6.7万hm^2，总产值达到6.6万元，按种植区域农民人口计算，人均收入2 750元。由于良好的经济效益，压砂瓜产业被当地农民称为“拔穷根工程”。

第二节　农牧交错干旱风沙区留茬免耕技术效果

通过留茬免耕方式，减少冬季地表裸露，增强地表粗糙度，从而降低风速，减少土壤侵蚀，增加土壤水分，提高水分利用效率，进而提高作物产量。

一、玉米留茬降低了风速，减少了土壤风蚀量

1. 降低风速

直接作用于地表的风速是影响农田土壤风蚀的主要因素之一。大量研究表明，作物残留物一方面可以降低一部分风力，减少风对土壤的作用力；另一方面，把作物的残茬留在土壤表面、根茬留在土壤内部，都能保护土壤颗粒不被风力移动。

宁夏中部干旱带扬黄灌区10月份人工收获玉米时，设4个留茬处理和1个秋翻地处理。留茬处理按如下标准进行：①底留茬（0cm留茬）：玉米收获时，贴地面割去秸秆，地表尽可能不留残茬，仅留地下根茬；②20cm留茬：玉米收获时，距地面20cm处

割去秸秆，留下约 20cm 高的残茬；③40cm 留茬；玉米收获时，距地面 40cm 处割去秸秆，留下约 40cm 高的残茬；④80cm 留茬：玉米收获时，距地面 80cm 处割去秸秆，留下约 80cm 高的残茬。

测定结果（表 6－2）表明，底留茬、20、40 和 80cm 的留茬在距离地面高度为 10cm 处的风速分别占秋翻裸耕地相同高度处风速的 22.46％、31.21％、49.41％和 42.08％，可见 40cm 留茬高度在距离地面 10cm 处风速减弱的最大；底留茬、20、40 和 80cm 的留茬在距离地面高度为 20cm 处的风速分别占秋翻裸耕地相同高度处风速的 19.22％、26.87％、55.78％和 20.43％，可见 40cm 留茬高度在距离地面 20cm 处减弱的风速也为最大；而 40cm 留茬高度和 80cm 留茬高度的处理中在距离地面 40cm 和 200cm 处减弱的风速也比较大。另外留茬高度对旷野风速的降低不一定是随着留茬高度的增高而降低，当留茬高度为 40cm 以下时，风速减弱的最大值出现在距离地面 40cm 处，而当留茬高度大于或等于 40cm 时，风速减弱的最大值出现在距离地面 20cm 的高度。由于土壤发生风蚀是因为风与土壤接触，而且大于土壤颗粒的起动风速，所以只有减弱地面风速才有可能防治土壤风蚀的发生，因此认为留茬高度为 40cm 比较合适。

在底留茬处理中，距离地面 40cm 高度处的风速降低最大，为 27.93％，200cm 高度处风速减弱最小，仅为 15.07％；在 20cm 留茬处理中，同样是距离地面 40cm 高度处的风速降低最大，200cm 高度处风速减弱最小，而在 40cm 和 80cm 留茬处理中，减弱风速最大的是距离地面高度为 20cm 处，并且 40cm 留茬在 20cm 高度处风速减弱的程度达到所有留茬试验中的最大值，因此，从各个留茬试验中比较可得，40cm 留茬高度对降低风速比较合适。

综上所述，残茬可明显减弱地表风速，其减弱程度明显高于无茬地块，越靠近地面，对风速的减弱程度越大，在 40cm 留茬距离地面 20cm 的高度上可以减弱 55％左右。残茬覆盖的地表可以增加土壤粗糙度，加大地表摩擦力，使空气流动阻力增大，相应的降低直接作用于地表的风速，减弱了土壤风蚀程度。因此，留茬可相对提高临界起沙风速，减轻土地风蚀程度，防止农田土壤风蚀，保护生态环境。

表 6－2 不同留茬高度对风速影响的比较

（2008 年 4 月 13 日～5 月 10 日测定的平均风速）

处 理	秋翻裸耕地（CK）	底留茬	20cm 留茬	40cm 留茬	80cm 留茬	不同留茬高度降低的风速占对照的百分数（%）			
						底留茬	20cm 留茬	40cm 留茬	80cm 留茬
10cm 高度风速（m/s）	4.23	3.28	2.91	2.14	2.45	22.46	31.21	49.41	42.08
20cm 高度风速（m/s）	5.36	4.33	3.92	2.37	2.82	19.22	26.87	55.78	47.39
40cm 高度风速（m/s）	6.73	4.85	4.12	3.18	3.74	27.93	38.78	52.75	44.43
200cm 高度风速（m/s）	7.83	6.65	7.24	5.88	6.23	15.07	7.54	24.9	20.43

2. 减少土壤风蚀量

保护性耕作主要利用残茬覆盖改变地表状况，能有效减少大风引起的沙尘颗粒运动。在风力作用下土壤颗粒主要有 3 种运动类型：悬移、跃移和滚动。风蚀发生过程中，悬移颗粒一般占总的土壤颗粒的 30%～40%，而且搬运高度最高，距离最远，是沙尘暴的主要构成部分，土壤损失最为明显。土壤风蚀量的多少是评价土壤抗风蚀程度的重要指标之一，所以利用沙尘集沙器对田间不同高度上的风蚀量进行收集比较，可以反映不同留茬方式对农田土壤抗风蚀能力的影响。

表 6－3 不同耕作方式风蚀量比较（g）

处理	5cm	20cm	50cm	100cm	150cm	200cm	总风蚀量
秋翻裸耕地	2.01	1.62	1.08	0.88	0.32	0.19	6.10
2cm（底）留茬	1.78	1.43	0.91	0.47	0.26	0.11	4.96
20cm 留茬	1.15	0.76	0.53	0.42	0.28	0.14	3.28
40cm 留茬	0.64	0.52	0.38	0.26	0.18	0.09	2.07
80cm 留茬	0.98	0.63	0.54	0.17	0.09	0.04	2.45

试验期间对 4 种留茬高度进行了土壤风蚀量测定，收集期间风速 6.5～8.0 m/s。由表 6 - 3 可以看出，留茬可以明显减少土壤风蚀量，比常规翻耕减少 57.38%，比不留茬减少 47.58%，40cm 留茬是 4 种留茬方式中收集总风蚀物质量最小的处理，为 2.07g，最多的是秋翻裸耕地，为 6.10 g，比底留茬多出 1.14 g，40cm 留茬处理比秋翻裸耕地的总风蚀量减少了 66.07%。留茬处理试验由于休闲季节比较长，土壤团聚体比较结实，地面有残茬秸秆保护，导致土壤颗粒难以起动，这可能是留茬减小风蚀的主要原因；翻耕虽然也经历了休闲，但由于秋季对土壤进行耕作，破坏了土壤结构，土壤颗粒间结合力减小，没有植被保护，临界摩阻风速变小，这也是导致翻耕比留茬总风蚀量大的原因。

不论是留茬还是秋翻裸耕地，不同高度上收集的风蚀物质最多的是距离地面 5cm 处，留茬试验中底留茬最多，为 1.78 g，秋翻裸耕地为 2.01 g；最少的是高度最高的 200cm 处，80cm 留茬处理最少，为 0.04 g，秋翻地为 0.19 g，二者相差近 4 倍；20cm 高度处的留茬试验中风蚀量仍然是底留茬最大，40cm 留茬最小；从5～200cm 的所有高度上，10cm 和 20cm 高度收集的风蚀量占总风蚀量的 60%左右，裸耕地为 59.51%、20cm 留茬为 58.23%、40cm 留茬为 56.04%、80cm 留茬为 65.71%。可见，距离地面 20cm 以下是风蚀沙粒活动的主要区域。

从距离地面不同高度可以看出，风蚀量随着高度的增加呈递减规律，距离地面 50cm 以下收集的风蚀物质可达到总风蚀量的 70%多。高度在 100cm 以上，4 种留茬方式收集的风蚀量差异不大，可能是由于风速较低，不足以使沙尘大量漂浮到 100cm 以上空间，导致各处理之间差异不甚明显。

二、留茬免耕增加地表粗糙度，减少土壤风蚀量

少免耕和秸秆覆盖措施可以改变下垫面状况、增加地表覆盖度、增强地表粗糙度，降低地表风速，从而减少农田扬沙。土壤风速是引起土壤风蚀的一个重要因子。土壤运动在风速较低时就开

始，随着风速和风蚀的狂暴加剧而逐步增加，土壤的侵蚀度随着与风的方向垂直的风障之间距离的增加而增加。当农田有残茬覆盖时，农田地表粗糙度增加，风速下降，侵蚀度也将下降。因此，土壤风蚀是地表的粗糙度与气候因子共同作用的结果。地表粗糙度受植被覆盖、土块和难蚀性碎片、土垄和农田防护带的影响。对植被覆盖而言，最重要的特性是其高度和密度，因为这两个特征决定气流接触地表的范围，并影响空气动力学表面的高度。Chepil 和 Woodruff 认为草和豆科植物能最有效地形成稠密覆盖，在保护地表方面，作物残存物很重要。岳红光等研究表明，风蚀下垫面诸因子中植被覆盖度对风模数大小影响最大，当植被覆盖度达 70%以上时，几乎不发生风蚀，充分说明增加地表植被覆盖度，能有效地减少风蚀量。其主要原因是随着植被覆盖度的增加，土壤表面的粗糙度和植被遮蔽的性能也随之增加，其削减近地表风速的能力明显增强，同时也减少了风沙流与地面土壤接触的机会。据宁夏大学农学院测定结果表明，免耕和免耕+秸秆覆盖显著增加了土壤表面的粗糙度和摩阻速度（表 6-4，表 6-5），减少了土壤风蚀，而春季对土壤翻耕没有覆盖的常规耕作的地表粗糙度最小，起动风速也最低，容易引起风蚀。所以，免耕和免耕覆盖对于防治土壤风蚀具有根本性的作用。

表 6-4　不同地表类型的地表粗糙度

地表类型	2-28	3-1	3-12	3-14	3-18	4-26	5-31	6-18	7-13	9-1
常规耕作	4.37	5.39	5.90	4.80	2.75	3.54	4.23	8.57	13.77	18.45
免耕	5.51	6.69	11.25	8.14	5.03	3.67	4.86	10.29	14.47	20.04
免耕+留茬覆盖	11.99	8.32	8.43	8.29	5.67	4.09	5.09	12.45	17.34	23.23

表 6-5　不同地表类型的摩阻速度（m/s）

地表类型	2-28	3-1	3-12	3-14	3-18	4-26	5-31	6-18	7-13	9-1
常规耕作	0.68	0.57	0.50	0.45	0.53	1.57	1.98	2.68	3.67	4.88
免耕	0.63	0.58	0.63	0.47	0.62	1.49	2.00	3.08	3.87	5.12
免耕+留茬覆盖	0.71	0.57	0.49	0.45	0.59	1.58	2.06	3.49	4.69	5.84

土壤抵抗风蚀的能力取决于土壤质地和土壤自身的性质，不同地表的土壤物理机械组成是影响土壤风蚀的因子之一。Chepil 研究认为，土壤中粉粒（0.05～0.002mm）和黏粒（<0.002mm）含量越高，土壤结构越稳定，越易形成不可蚀的团聚体结构。相反，砂粒（>0.05mm）比例越高，团聚体结构就难以形成，土壤抗风蚀能力就越低，越易造成风蚀。但是，单一的土壤颗粒并不能形成高稳定性的土壤结构，土壤结构的稳定性还要取决于各粒级的土壤颗粒的适当组合。因此，由 20%～40%的砂粒，20%～30%的粉粒和 40%～50%的黏粒，组成的混合结构，具有较强的抗风蚀能力。

土壤风蚀主要发生在表层，土壤颗粒的粒度特征决定其力学性质与强度，最终影响土壤风蚀强度。在收获后，宁夏大学农学院分别采集了试验区免耕农田、免耕＋秸秆覆盖农田和传统耕作农田地表 0～5cm 深度的土壤，对其物理机械组成进行了分析（表 6-6）：

表 6-6　不同耕作措施农田地表土壤颗粒分布（%）

地表类型	粒径（mm）					
	>1	1～0.25	0.25～0.1	0.1～0.05	0.05～0.002	<0.002
常规耕作 CK	28.20	21.56	16.59	16.31	13.46	3.88
免耕	21.61	24.02	17.88	17.13	14.44	4.92
免耕＋留茬覆盖	18.20	23.6	18.88	17.84	15.97	5.51

从试验区土壤机械组成来看，这一地区地表土壤的砂粒含量>75%，粉粒含量<20%，黏粒含量<5%，其组成结构与 Chepil 提出的具有较强抗风蚀能力的土壤结构相差甚远，抗风蚀能力比较低。传统耕作农田土壤中>0.05mm 的砂粒的含量很高，占到 82.66%，粉粒和黏粒分别只占到 13.46%和 3.88%。而免耕农田土壤中>0.05mm 的砂粒含量下降，占到 80.64%，粉粒和黏粒含量均有所上升，分别占到 14.44%和 4.92%。免耕＋秸

秆覆盖农田土壤中＞0.05mm 的砂粒含量也下降，占到 78.52%，粉粒和黏粒含量也均有所上升，分别占到 15.97%和 5.51%。其中传统耕作农田土壤中粒径大于 1mm 砂粒含量最多，占到 28.20%，而免耕农田和免耕＋秸秆覆盖农田土壤中粒径大于 1mm 砂粒含量明显减少，分别占到 21.61%和 18.20%，比传统耕作农田分别减少 23%和 35%。相比之下，保护性耕作农田的抗风蚀能力增强，传统耕作农田抗风蚀能力较弱。由于试验地前期土壤黏粒、粉粒和砂粒组成的混合结构就十分不适当，仅实行一年免耕并不能完全实现土壤结构合理，所以，只有长期免耕才能改善土壤结构。

三、降低农田输沙量

保护性耕作农田地表植被覆盖度增加，植被对移动土粒的捕集能力也随之增强。因而防止和减轻了土壤的风蚀量。在传统土壤耕作模式下，冬春季地表裸露，田面疏松，表层土极易风蚀化，扬尘随风漂浮，形成沙尘暴。免耕和秸秆覆盖农田，增加地表粗糙度，减缓地表风速，可有效降低土壤表面风蚀。2008 年春季，在起风扬沙天气采用中农集沙仪对传统耕作、免耕和免耕＋秸秆覆盖农田地表进行多次扬沙量采集（表 6－7）。并测得试验地每次起沙风速均大于 4m/s 。研究结果表明，传统的常规耕作的集沙量显著高于免耕和覆盖，而不同类型地表对土壤输沙量的影响存在显著性差异（表 6－8），传统耕作农田地表输沙量较大，而免耕农田和免耕＋秸秆覆盖农田地表输沙量最小，分别比传统耕作农田输沙量减少 37.92%和 59.38%。从表 6－9 还可以看出，三种耕作方式集沙量主要集中在近地表 0～25cm 高度范围内，在 60～150cm 高度范围内集沙量明显减少。这说明在风沙流中，沙量在气流中的分布并非上下均匀的，集沙量随着高度的增加而递减。因此，秸秆留茬高度在 25cm 左右比较适合，可有效降低扬尘量和输沙量。

表 6-7　不同处理各高度层集沙量（g）

采样时间	高度（m）	农田类型		
		传统耕作（CK）	免耕	免耕＋秸秆覆盖
2008.2.29	0.1	1.12	0.72	0.47
	0.25	0.89	0.61	0.36
	0.6	0.55	0.42	0.27
	1	0.42	0.25	0.14
	1.5	0.29	0.19	0.10
2008.3.14	0.1	1.88	1.11	0.72
	0.25	1.68	0.99	0.56
	0.6	0.76	0.46	0.33
	1	0.54	0.31	0.22
	1.5	0.35	0.23	0.18
2008.3.19	0.1	2.04	1.34	0.70
	0.25	1.50	0.89	0.53
	0.6	0.83	0.52	0.35
	1	0.60	0.41	0.28
	1.5	0.49	0.35	0.22
2008.3.29	0.1	1.30	0.73	0.57
	0.25	1.03	0.64	0.46
	0.6	0.72	0.54	0.34
	1	0.56	0.37	0.25
	1.5	0.47	0.34	0.20

表 6-8　不同处理地表各高度层平均集沙量（g）

农田类型	均值	差异显著性分析	
传统耕作农田（CK）	4.50	a	A
免耕农田	2.86	b	B
免耕＋秸秆覆盖农田	1.81	c	C

上述分析表明，免耕地表有植被及作物秸秆残茬覆盖，可以明显的减少地表土壤风蚀量。尤其是免耕+秸秆覆盖农田，一方面，使被覆盖的农田地表免受风力的直接击打，保护了易蚀性颗粒，分散了地面以上一定高度的风动量，从而减弱了达到地表的风量，拦截运动的颗粒促其沉积。另一方面，由于秸秆残茬覆盖地表，减少了太阳的直接照射，从而减少了地表土壤的水分蒸发，增加的农田地表土壤的含水量，还由于减少农田的翻耕次数，使地表的自然结构破坏很小或免遭破坏，保护了地表的紧实度和团聚体结构，使得地表扬沙量明显下降。这是保护性耕作农田地表减少土壤损失的重要原因。

四、增加土壤水分

通过少耕、免耕、覆盖措施、垄膜集水措施，提高土壤多蓄自然降水、减少蒸发，控制水土流失，提高降水的水分利用效率。土壤中的水可以把土壤颗粒黏在一起。水分子被静电吸引力吸附在土壤颗粒表面，在土壤颗粒间的接触点形成毛管水。Hillel D 发现土壤可蚀性随土壤水分增加量的平方而减小，达到 15%的大气压，则不会发生侵蚀。土壤含水率愈大，临界风蚀风速即土壤颗粒的起动风速愈大，土壤抗风蚀的能力因之而愈强。土壤水分对风蚀的影响作用除了取决于水分含量之多寡外，尚与存在形态密切相关。在风蚀中，水的另一个主要作用是雨滴的打击形成地表结皮，通常粉粒和黏粒形成结皮，其余的颗粒松散地留在地表面，松散的土粒很容易干燥，雨后不久以及地表尚未明显干燥之前就可发生风蚀。

保护性耕作由于秸秆覆盖减少了土壤蒸发，同时减少了土壤结皮效应，所以提高了水分入渗，增加了土壤持水量和入渗量。Bruce R 等认为免耕提高土壤含水量，增加水分储存，而覆盖又抑制了蒸发，所以免耕具有保水作用，而覆盖具有较好的增水效果。张海林等研究表明，免耕比传统耕作增加土壤蓄水量 10%，减少土壤蒸发约 40%，耗水量减少 15%，水分利用效率提高 10%。

覆盖栽培一直是旱作农业生产中一项重要的保蓄土壤水分的技

术措施。土壤耕作改变了表层土壤水力学性质，秸秆覆盖可以减少土壤水分蒸发，同时减少土壤结皮效应，所以提高了水分入渗，增加了土壤持水量和入渗量。地膜覆盖有保水、节水、调水作用。宁夏中部风沙区采取起垄覆膜微集水种植方式，通过在田间修筑沟垄，垄面覆盖地膜，使降水由垄面（集水区）向沟内（种植区）的汇集，实现尽可能多地接纳天然降水，储存于土壤中，以改善土壤水分满足状况，并通过覆盖地膜来调节土壤温度。

玉米苗期，试验地受灌水限制，无有效降雨，各处理土壤含水量均较低，免耕和残茬覆盖处理土壤含水量最高，平均含水量分别较常规耕作（对照）高出 0.87 个百分点（表 6－9），相对提高16.86%。玉米穗期由于试验地灌三次水，所以土壤含水量明显高于苗期，免耕和残茬覆盖处理比常规对照高出 2.07 个百分点，相对提高 21.97%。玉米花粒期，试验地降雨增多，灌水一次，免耕处理较常规耕作高出 1.12 个百分点，相对提高 13.19%，而免耕＋残茬覆盖的保水效果更高，比常规耕作高出 10 个百分点以上。从整个生长期来看，免耕＋残茬覆盖处理土壤含水量最高，是宁夏干旱区保水、提高水分利用效率的有效方法之一。

表 6－9　不同耕作方式土壤含水量（w/w%）

日期	常规耕作				免耕				免耕＋残茬覆盖			
	0～10cm	10～20cm	20～30cm	30～40cm	0～10cm	10～20cm	20～30cm	30～40cm	0～10cm	10～20cm	20～30cm	30～40cm
4月9日	4.71	5.87	6.02	6.19	5.06	6.04	6.42	6.47	—	—	—	—
5月8日	9.84	6.77	7.77	5.18	3.26	3.29	3.36	7.03	5.69	5.56	6.26	6.67
5月24日	1.88	2.28	6.76	6.42	2.46	4.79	6.55	7.32	4.74	4.11	7.20	7.64
6月12日	0.33	1.97	2.76	3.71	1.50	2.10	3.95	6.06	5.35	5.59	5.34	7.00
6月25日	6.01	5.47	6.83	9.65	4.79	5.26	9.94	11.83	11.79	11.18	11.99	12.75
7月1日	1.23	1.97	2.58	5.00	4.75	4.03	6.16	9.72	8.14	10.27	8.18	10.49
7月15日	7.81	7.69	8.48	9.48	6.25	7.38	8.30	6.98	11.85	12.12	11.68	13.06
8月1日	6.76	6.76	7.94	8.49	6.25	7.38	8.30	6.98	11.95	12.72	12.68	14.06
8月13日	5.43	6.23	8.77	8.33	4.75	4.03	6.16	9.72	7.67	11.16	10.48	12.72
9月1日	5.02	5.49	5.69	5.77	7.55	6.42	6.79	8.70	13.05	15.16	18.91	20.96
9月14日	5.02	5.49	5.69	5.77	7.55	6.42	6.79	8.70	14.90	16.52	18.88	20.81

五、提高了土壤肥力

从不同保护性耕作0～20cm土壤肥力情况可以看出（表6－10)：保护性耕作技术（免耕、免耕＋地膜覆盖、免耕＋留茬覆盖）使土壤全氮、全磷和速效养分的含量都有不同程度的增加。可能是由于前茬玉米秸秆、根系在微生物作用下逐渐腐烂分解，加快了养分的分解。保护性耕作措施对土壤理化性状和土壤肥力的影响需要一个长期的过程，需要对保护性耕作下土壤理化性状和土壤肥力进行长期试验和深入研究。

表6－10　不同保护性耕作措施对土壤肥力的影响

处理	全氮（g/kg）	全磷（g/kg）	碱解氮（mg/kg）	速效磷（mg/kg）	速效钾（mg/kg）
常规耕作	0.29	0.54	64.38	9.60	147
免耕	0.39	0.68	78.14	9.65	175
免耕＋地膜覆盖	0.27	0.52	76.78	9.63	150
免耕＋留茬覆盖	0.39	0.64	78.11	9.73	188

六、增加了作物产量

保护性耕作对作物生长发育及产量的影响分歧最多，研究者在不同作物及不同研究条件下得出的结果不同。对玉米产量的影响，由表6－11可以看出，免耕＋地膜覆盖处理产量最低，为12 887.40kg/hm^2，比对照减产14%。免耕和免耕＋残茬覆盖处理产量分别为14 382.15kg/hm^{2}和14 772.15kg/hm^2，分别比对照减产4%和2%。从产量构成因素可以看出，免耕处理减产的主要原因是穗重、百粒重较低。

表6－11　不同保护性耕作措施玉米穗部形状与产量

处理	出苗率（%）	穗长（cm）	穗粗（cm）	穗重（g）	秃尖长（cm）	穗行数（行）	穗粒数	百粒重（g）	玉米产量（kg/hm^2）
常规耕作	97.50	18.74	4.74	222.36	1.05	15.99	631.10	36.05	15 004.65

（续）

处理	出苗率（%）	穗长（cm）	穗粗（cm）	穗重（g）	秃尖长（cm）	穗行数（行）	穗粒数	百粒重（g）	玉米产量（kg/hm^2）
免耕	89.65	18.70	4.64	235.40	0.87	15.90	665.02	35.94	14 382.15
免耕＋地膜覆盖	95.17	18.96	4.63	199.84	1.24	14.55	559.72	34.88	12 887.4
免耕＋留茬覆盖	89.53	18.38	4.65	237.11	0.71	16.47	651.30	35.96	14 772.15

七、经济效益增加

从经济效益看（表 6－12），由于农药、种子和肥料投入是相同的，如果不考虑农民人工费用，免耕和免耕＋秸秆覆盖处理经济效益较传统耕作分别降低 2.09％和 1.48％，可以看出，免耕和免耕＋秸秆覆盖处理节省了燃油和地膜费用，降低的主要原因是玉米产量下降。由于免耕和免耕＋秸秆覆盖措施的生态效益，如果考虑人工费用，则由于保护性耕作（免耕）可以节省 1 个人工，效益则略高于常规耕作。保护性耕作省工、省时，农民是可以接受的，目前宁夏中部干旱带的农民已经形成了玉米残茬留田越冬的习惯。如果加强玉米苗期田间管理，保证玉米出苗率，提高免耕和免耕＋秸秆覆盖处理玉米产量，将会明显提高玉米经济效益。

表 6－12　不同保护性耕作措施的经济效益分析表

处理	产出			投入（元/亩）						比对照提高	
	每 667m^2 产量（kg）	单价（元）	每 667m^2 产值（元）	燃油	农药	种子肥料	地膜	合计	每 667m^2 净产值（元）	（元）	百分比（%）
常规耕作	1 000.31	1.4	1 400.43	35	10	200	—	245	1 155.43	—	—
免耕	958.81	1.4	1 342.33	—	10	200	—	210	1 132.33	−23.10	−2.09
免耕＋地膜覆盖	859.16	1.4	1 202.82	—	10	200	20	230	992.82	−162.61	−14.36
免耕＋留茬覆盖	964.81	1.4	1 350.73	—	10	200	—	210	1 140.73	−14.70	−1.48

第三节　农牧交错干旱风沙区微集水保护性种植技术效果

农牧交错带扬黄灌溉玉米保护性种植技术，必须同时兼顾经济效益与生态效益的双重需求。研究中设置了免耕＋秸秆覆盖、起垄＋地膜覆盖、起垄和不起垄等处理与常规耕作进行比较，并在试验过程中分别测定土壤水分、防风、减尘效果和作物生长发育动态、作物光合等生理指标并对产量及产量构成因素进行测定。

一、集水增墒效果明显

1. 不同耕作措施下土壤水分的变化

各处理间土壤含水率都比常规耕作（对照）高，说明起垄、覆膜、覆盖可以将水分汇集到玉米根际以补充玉米根际土壤水分，土壤含水率最大的是起垄垄上覆膜膜侧种植处理，在玉米整个生长发育期间，秸秆覆盖、起垄无膜、地膜覆盖与对照和起垄覆膜均无显著差异，但起垄覆膜与对照存在显著差异，说明起垄覆膜处理土壤含水率处于较优越的态势，对土壤保水和减少水分散失作用非常明显，而且能更多的接纳降雨时所降落的水分，而且还减少了降雨强度过大形成的地表径流，对地面起到了缓冲的作用，同时也减少了地表水分的蒸发，使玉米生长后期起垄覆膜处理的土壤蓄水量明显增加。经差异显著性测验，起垄垄上覆膜膜侧种植处理与常规耕作（CK）之间的差异达到显著水平（$P<0.05$），而秸秆覆盖、起垄无膜和无垄覆膜处理之间的差异不显著。因此，起垄覆膜膜侧种植处理蓄水效应最佳，能够保持较多的土壤水分，促进了玉米根系的吸收。

由表 6－13 可以看出，在 0～60cm 深度内，各种耕作措施下在播前和作物生长期间土壤水分随着土层深度的增加总体上呈现出增大的态势，收获后随着深度的增加土壤水分有些回落。各措施下每个时期均以 0～10cm 土层土壤水分含量值为最低，而各个时期不同耕作措施土壤水分含量都较对照高，以起垄覆膜膜侧种植处理和地膜覆盖处理最为优越。播前，不同耕作措施随着深度的增加土壤水分含量也在不断增大，起垄、覆盖和覆膜的处理土壤水分含量要比常规耕作高，尤其是起垄覆膜的处理保持相对较高的土壤水分，容易出苗，保苗；在作物生长期间，各个处理随深度的增加土壤水分总体在增大，到 40～50cm 深处出现最大值，覆膜和起垄的处理表现的尤为突出，而且也比常规耕作在整体上水分含量高，为作物的生长发育提供了较高的水分和有力的保障，也为增加地表覆盖度打下了良好的基础；作物收获后，各个处理土壤含水率随深度的变化比较明显，而且各个处理之间的差距也较大，常规耕作不论是表层还是耕层以下继续保持较低的水分含量，为所有处理的最低者，覆膜的处理相对保持较高的水平，秸秆覆盖和起垄无膜的处理介于中间，各个处理随深度的增加总体都表现出先升高后降低的趋势，40cm 处为峰值，之后开始回落，在回落的过程中，常规耕作和秸秆覆盖处理下降的快些，而起垄覆膜和起垄下降的慢些，相对来说还是保持较高的土壤含水率。

表 6－13　不同时期不同耕作措施下土壤含水率随深度的变化（%）

时期	处理	测定深度（cm）					
		0～10	10～20	20～30	30～40	40～50	50～60
播前	常规耕作	4.71	5.87	6.02	6.19	7.32	7.69
	秸秆覆盖	4.82	5.93	6.13	6.69	7.82	8.69
	起垄覆膜	5.08	6.13	6.82	7.19	8.32	8.88
	起垄无膜	4.46	5.96	6.22	6.29	7.52	7.96
	地膜覆盖	4.91	6.05	6.72	7.34	7.83	8.59
生长期	常规耕作	7.81	7.69	8.48	9.48	10.66	10.08
	秸秆覆盖	5.84	7.08	7.67	8.57	8.56	8.12
	起垄覆膜	8.35	10.60	11.34	13.00	13.72	12.22
	起垄无膜	8.64	9.71	10.15	11.45	13.02	12.64
	地膜覆盖	9.20	9.78	11.54	12.08	13.70	11.98

（续）

时期	处理	测定深度（cm）					
		0～10	10～20	20～30	30～40	40～50	50～60
收获后	常规耕作	7.15	8.61	11.71	13.65	9.12	8.47
	秸秆覆盖	8.52	10.90	12.86	14.68	11.38	10.38
	起垄覆膜	10.19	12.74	16.20	17.55	17.77	14.29
	起垄无膜	8.83	10.42	13.99	16.03	14.43	11.85
	地膜覆盖	10.22	13.28	15.59	17.84	16.88	15.69

2. 不同耕作措施下土壤水分贮存量的差异

在不同耕作措施下以起垄覆膜处理的土壤水分贮存量相对为高，而以秸秆覆盖和起垄无膜土壤水分贮存量相对为低，而覆膜无垄处理的土壤水分贮存量相对居中，不论是那种措施都比常规耕作要高。除起垄覆膜处理外其他不同耕作措施总体呈现先升高后降低再升高再降低的双峰曲线，

3. 不同耕作措施对地表粗糙度和摩阻速度的影响

耕作措施不同，不仅对土壤水分、作物生长等产生影响，而且还会客观地造成不同耕作措施下田块近地面风况的不同，从而影响到不同耕作措施田块防风抗蚀能力的强弱。根据野外实测资料探讨不同耕作措施对近地面风况的影响，即对地表粗糙度和摩阻速度的影响。

由表 6－14 可以看出，5 种不同耕作措施随着玉米生育时期的推移地表粗糙度总体也在增大，只是成熟期有所下降，在 6 月 6 日以前，由于玉米主要处于苗期阶段，生长速度较小，地表粗糙度变化不是很明显，增幅较小，在这之后，玉米进入生长迅速期，长幅较大，使田间裸露部分被完全覆盖，尤其是土壤含水率较高的处理，玉米长势较好，地表粗糙度较大。成熟期（9 月 21 日），虽然在不同耕作措施中由于风速（如瞬间的大风速）、玉米生长状况（如倒伏、落叶）的影响地表粗糙度出现了大小不同的波动，但是

5种耕作措施中，以起垄覆膜处理的地表粗糙度最大，观测期内其平均值为14.49，覆膜无垄和秸秆覆盖处理的地表粗糙度基本接近，分别为12.26和12.25，常规耕作处理为11.03，起垄无膜的处理最小，为10.93。可见，春季对土壤翻耕而且不覆膜条件下的地表粗糙度最小，起动风速也最低，容易引起风蚀。所以，覆盖对于防治土壤风蚀具有根本性的作用。

表6-14　不同耕作措施下玉米各生育期的地表粗糙度

日期	常规耕作	秸秆覆盖	起垄覆盖	起垄无膜	覆膜无垄
4月26日	3.54	3.67	4.45	3.45	3.55
5月31日	4.23	4.86	6.12	3.98	4.36
6月6日	5.48	6.23	7.38	4.87	5.83
6月18日	8.57	10.29	12.46	6.03	9.46
7月13日	13.77	14.47	17.29	11.65	14.36
8月13日	16.36	18.55	20.88	17.35	17.83
9月1日	18.45	20.04	24.46	19.78	21.59
9月21日	17.83	19.85	22.89	20.33	21.08
平均值	11.03	12.25	14.49	10.93	12.26

摩阻速度 u^* 是风速梯度的一种度量，正是由于 u^* 的存在，风速沿高度变化，在气流中引起切应力，并把这种切应力传递到地面，成为表面阻力，气象学上，称为摩擦速度（摩阻速度）。其表示黏性应力大小、具有速度量纲的特征值。摩阻速度是近地面层湍流特征的一个重要参量，在风速廓线研究中，具有重要的意义。

由表6-15可以看出，不同耕作措施下玉米不同发育时期摩阻速度也各不相同，随时间的波动情况也不尽相同，5种不同耕作措施随玉米生育时期的推移摩阻速度总体呈现增长的趋势，只是在成熟期（9月21日）有所下落。生育期内，摩阻速度最大的处理为起垄覆膜，最大平均值为3.80 m/s，覆膜无垄次之，为3.69 m/s，起垄无膜的处理最小，为3.12 m/s。

表 6-15　各生育期不同耕作措施下的摩阻速度（m/s）

日期	常规耕作	秸秆覆盖	起垄覆盖	起垄无膜	覆膜无垄
4月26日	1.57	1.47	1.58	1.4	1.49
5月31日	1.98	1.88	2.05	1.87	2.02
6月6日	2.23	2.42	2.84	2.38	2.68
6月18日	2.68	3.08	3.49	3.03	3.34
7月13日	3.67	3.87	4.68	3.78	4.87
8月13日	4.62	4.65	5.27	4.56	5.16
9月1日	4.88	5.12	5.83	4.71	5.63
9月21日	3.65	3.98	4.69	3.25	4.35
平均值	3.16	3.31	3.80	3.12	3.69

二、固土降风减尘效果明显

土壤发生风蚀的程度最终用风蚀量来衡量，风蚀量大土地风蚀严重，反之则轻。不同耕作措施从播种到苗期，发生比较严重的风蚀共5次，从地面到2 m高度不同风蚀量收集的结果见表6-16。

表 6-16　不同耕作措施平均土壤风蚀量（g）

日期	常规耕作	秸秆覆盖	起垄覆盖	起垄无膜	覆膜无垄
5月6日	0.688	0.422	0.404	0.836	0.388
5月10日	0.784	0.680	0.478	0.874	0.588
5月16日	0.900	0.740	0.508	0.880	0.772
5月18日	0.482	0.426	0.472	0.338	0.496
5月21日	0.604	0.636	0.618	0.762	0.612
平均	0.692	0.581	0.496	0.738	0.571

表6-16中可以看出，不同耕作措施之间土壤风蚀存在明显差异，起垄无膜和常规耕作的土壤风蚀量比较大，平均都到达了0.6g

以上，而覆盖处理和覆膜起垄等处理的风蚀量较小，平均都在 0.6 g 以下。可见，地表没有植被或者不覆盖土壤风蚀发生的程度比较严重，在覆盖、覆膜和起垄处理中，起垄覆膜的风蚀量比较小，可能是由于起垄增加了地表粗糙度，对风速的摩擦作用比较强，再加上垄上有地膜的覆盖，这可就把 50%的土壤保护起来，另外的一半是在垄沟里，若发生风蚀土垄还对它形成阻挡作用，致使起垄覆膜的风蚀量在各处理中最小，和对照相比降低了 28.32%。

三、增产增收效果显著

本试验系统地观测和定量对比了不同耕作措施下玉米生长状况、产量及产量构成因素等指标的差异，同时还对玉米的生理形状进行了对比测定，如叶片叶绿素含量、光合速率、蒸腾速率以及叶片水分利用效率等指标。

1. 不同耕作措施下玉米叶片水分利用效率的分析

叶片水分利用效率（WUE）即叶片的光合速率（Pn）与蒸腾速率（Tr）之比，是植物体消耗水形成有机物质的基本效率，其高低取决于气孔控制的光合作用和蒸腾作用两个耦合过程。

表 6-17　不同处理对玉米叶片水分利用效率（WUE）的影响（$\mu molCO_2/mmol\ H_2O$）

处理	测定日期					
	6月11日	6月25日	7月13日	7月27日	8月9日	9月21日
常规耕作	2.62bB	3.53bA	4.19cB	4.53bB	5.19cB	4.66bB
秸秆覆盖	5.53abAB	4.00bA	6.00bcAB	7.66abAB	8.00abcAB	6.73bAB
起垄覆膜	7.66aA	8.83aA	9.50aA	9.83aA	10.43aA	9.90aA
起垄无膜	4.48abAB	4.87abA	4.91bcB	5.53bAB	6.58bcB	5.84bAB
覆膜无垄	6.06aAB	7.03abA	7.70abAB	7.31abAB	8.36abAB	7.53abAB

从表 6-17 可以看出，各处理间不同生育阶段叶片 WUE 都比 CK 高，说明常规耕作的蒸腾速率较大，光合作用较弱，水分以无

效蒸腾为主要的散失途径，而起垄、覆盖、覆膜能够减弱土壤表面水分蒸发，保持较高的土壤含水率，有利于植株水分的利用，从而提高水分利用效率。整个生育期起垄覆膜膜侧种植处理一直处于较优越的态势，保持较高的水分利用效率，从大喇叭口期（7 月 27 日）到抽雄期（8 月 9 日）水分利用效率达到最高，分别比对照高 14.57%和 6.10%，同时也说明该时期也是 Pn 和 Tr 协同最好的时段。

2. 不同耕作措施下作物产量结构分析

保护性耕作对作物生长发育及产量的影响分歧最多，研究者在不同作物及不同研究条件下得出的结果也不尽相同。对玉米产量的影响由表 6－18 可以看出，起垄覆膜处理平均产量最高，明显高于对照，达 17 330.4kg/hm^2，比对照增产 2 325.75kg/hm^2，增产幅度达 16%。秸秆覆盖处理也表现增产，达 16 642.80kg/hm^2，比对照增产 1 638.15kg/hm^2，增产幅度为 11%。其他两种处理都比对照产量低。

从产量构成因素可以看出，出苗率也是影响玉米产量的因素之一。不同保护性耕作措施的玉米出苗率均低于对照。从对穗部性状分析可以得出，秸秆覆盖和起垄覆膜处理增产的主要原因是穗粗、穗重、穗粒数和百粒重均显著增加。

表 6－18　不同处理玉米产量性状表现

处理	出苗率 (%)	穗长 (cm)	穗粗 (cm)	穗重 (g)	秃尖长 (cm)	穗行数 (row)	穗粒数 (granule)	百粒重 (g)	玉米产量 (kg/hm^2)
常规耕作	97.50	18.74	4.74	222.36	1.05	15.99	631.10	36.05	15 004.65
秸秆覆盖	95.76	19.36	4.79	249.83	1.30	16.27	672.47	39.06	16 642.8
起垄无膜	96.34	18.43	4.80	222.79	1.24	16.13	643.70	35.61	14 636.85
起垄覆膜	95.93	20.20	4.85	258.49	0.74	16.60	688.33	38.14	17 330.4
地膜覆盖	96.10	18.17	4.67	196.02	1.53	14.23	465.65	34.68	12 757.5

第三部分

农牧交错风沙区保护性耕作技术规程

第七章 农牧交错半干旱风沙区保育性耕作技术规程

第一节 立垡菜田大白菜防抽薹育苗晚种生产技术规程

一、制定技术规程的目的、意义与必要性

农牧交错带半干旱风沙区年≥10℃的积温 2 000～2 500℃，年降雨 350～400mm，自然条件恶劣致使作物生长季短，生产力极低，农业生产发展举步维艰。气候高寒冷凉、经济落后贫困成为该区的典型特征。区域内 65%的耕地是比较贫瘠、生产力极低的砂质栗钙土农田，35%的耕地为肥水条件相对较好的草甸栗钙土农田。1996 年以前，在砂质栗钙土农田主要种植豆类作物及豆科牧草，进行着极少甚至不投入的靠天等收的作物生产，当地农民主要寄希望于肥水条件相对较好的草甸栗钙土农田，种植春小麦、莜麦等主要的口粮及甜菜、马铃薯等重要的经济作物，但受制于自然气候及社会经济条件的双重制约，农业生产也只能在低投入低产出、勉强维持温饱的低水平上循环。针对当时农业生产的现状，1996 年开始河北农业大学依靠所承担的国家科技计划北方旱区农业及河北省科技项目，进行了艰难的技术创新，以调整作物生产结构为突破，确立了“草甸栗钙土农田抓钱，砂质栗钙土农田保粮”的基本思路，创新性地提出了区域莜麦、春小麦两麦基本口粮和甜菜、马铃薯主要经济作物在砂质栗钙土的坡梁地农田种植，引进大白菜、白萝卜、芹菜、圆白菜等蔬菜在草甸栗钙土的旱滩地农田种植，经过“麦薯上梁、蔬菜进滩”作物布局与生产结构调整，取得了良好的经济社会生态效益。

近年区域草甸栗钙土农田蔬菜面积有了很大发展，已成为我国

第四大蔬菜生产基地。高寒冷凉的气候条件及毗邻京津面向华北的区位优势，使得区域内在夏季生产喜凉蔬菜具有得天独厚的立地条件及满足市场空缺的价格优势，大白菜、白萝卜等蔬菜种植每667m^2 收入可达 133.3～266.7 元，为同类农田种植小麦收入的 10倍，为砂质栗钙土农田种植莜麦收入的 20 倍。高收入的驱动与农村劳动力的稀缺，促进了生产力很低的砂质栗钙土农田的退耕，对区域以恢复生态为主的林草建设起到了重要的推促作用。针对区域冬春季节干燥多风、寒冷低温的气候特征，为了减低土壤风蚀，菜田采取秋耕立垡越冬，春末夏初精细整地的土壤管理措施，确保了农民经济收入提高与生态环境改善的良性循环。

区域蔬菜生产虽然取得了巨大成功，但是也存在重大问题，大白菜、白萝卜等喜凉蔬菜露地直播在高寒冷凉的气候条件下很容易通过春化发育阶段，在生育后期抽薹进行生殖生长，一旦这些蔬菜抽薹，将没有任何经济价值，农民也会造成绝收。针对这一问题，课题组从 1996 年开始经历 5 年的试验探索，创新温棚高温育苗等系列调控技术，终于攻克了这一难题，并完善了其高效生产技术体系。经过了近 15 年的试验探索、示范推广和生产实践，目前大白菜防抽薹技术已经成熟，为了更好地规范农牧交错带半干旱风沙区蔬菜的高效生产，减免大白菜抽薹经济损失，特制定农牧交错带半干旱风沙区“立垡菜田大白菜防抽薹育苗晚种生产技术规程”。

二、国内外生产技术状况及规程制定的依据

国内外大白菜生产相当普遍，技术体系也很完善，大白菜为世界范围内市场主导的大路菜。对于大白菜等叶菜类蔬菜而言，农田收获的产品是其营养器官，因此其生长期内并没有进行生殖生长。大白菜属于喜凉作物，从世界各地的生产现状看，大白菜一般在温度较高的夏末秋初播种，在相对冷凉的秋季生长。夏末秋初相对较高的温度使得大白菜在苗期很难通过其正常开花结实所必需的春化阶段，保证了大白菜在其生长期内只进行营养生长而不进行生殖生

长，当然也就不存在抽薹问题。因此目前这种生产模式下，还没有大白菜防抽薹育苗的国家标准及行业标准。就大白菜完成其正常生命周期而言，上述生产虽然满足了人类的需求，但是却属于反季生产。秋季生长、冬前上市的生产与消费模式已被人们默认为顺季供给市场，上述产销模式实质为反季生产、顺季销售。

与上述生产和供给市场模式不同，农牧交错带半干旱风沙区大白菜生产则是在每年的春季育苗（提早上市）或直播（延后上市），在区域内相对冷凉的夏季生长，夏末秋初上市销售，如果不采取特殊的技术，区域内春季低温很容易使大白菜在苗期通过春化阶段，生长后期抽薹开花结实；如果延后播种，虽然可以避开低温影响，但是上市推迟会使得大白菜夏末秋初上市销售的价格优势消失殆尽，失去了稀缺产品高额回报的目的。因此区域大白菜生产必须走高温育苗防抽薹提早上市之路，相对于其他主产区而言，此产销模式为顺季生产、反季销售。

河北省虽然已经公布了大白菜生产技术规程的地方标准（大白菜常规品种种子生产技术规程 DB/1300 B21 49－1990，大白菜每 667m^2 产 8 000kg 栽培技术规程 DB/1300 B31 9－1990，大白菜周年高产栽培技术规程 DB13/T 435－2000，无公害大白菜生产技术规程 DB13/T 472－2001），但只是针对反季生产、顺季销售的地区而制定。目前国内外还没有利用高寒区冷凉气候资源在夏季进行顺季生产、反季销售大白菜防抽薹的国家标准及行业标准。为了更好地完善顺季生产反季销售模式，规范区域大白菜生产，保证区域菜农稳定的收益，特制定立垡菜田大白菜防抽薹育苗晚种生产技术规程。

三、冀西北高寒区立垡减沙大白菜防抽薹育苗技术规程

1. 产地环境条件

1.1　**气候条件**　无霜期在 110d 以上，年活动积温在 2 600℃以上，年降雨量在 350mm 以上。

1.2 **土壤条件** 要求土层深厚、排水良好的栗钙土，有机质含量在2%以上，土壤pH在7左右。

1.3 **环境条件** 产地环境条件应符合NY/T391的要求。

2. 场地材料

2.1 **场地选择** 大白菜防抽薹育苗在温棚内严格控制温度的条件下进行，育苗温棚应建在背风向阳、采光充足、地势平坦的场地。

2.2 **材料准备** 育苗温棚大小依据育苗多少而定，然后准备搭建温棚所需的材料，包括塑料棚膜、竹片、竹竿或铁管、铁丝、草帘等。

3. 营养土准备

3.1 **营养土要求** 要求营养土孔隙度60%左右，土壤疏松，土质均匀，保肥保水性能良好，养分全面，pH 7.0左右。

3.2 **营养土来源** 选取当地多年种植蔬菜、土壤疏松、土质均匀、保肥保水性能好、土壤肥力高、养分全面的菜园土（草甸栗钙土）为营养土。

3.3 **营养土配制** 将腐熟农家肥和菜园土按1∶1的比例配制，然后每立方米加入尿素1.0kg和磷酸二铵2.0kg，充分搅拌混匀后过筛。

3.4 **营养土消毒** 用20%土菌灵或50%多菌灵或75%百菌清1 000倍液对营养土进行消毒，营养土消毒可以与混拌过筛同步完成。

4. 营养杯装土

在育苗温棚内，将配制好的营养土装入7.0cm×7.5cm纸质或8.0cm×8.0cm塑料营养杯中，营养杯内营养土要装满。

5. 种子准备

5.1 **种子质量** 应符合GB16713.1中二级以上标准。种子纯度≥95%，净度≥98%，发芽率≥80%。

5.2 **品种选择** 选择在当地抗病、稳产，抗抽薹、适应性强，品质优良，市场表现优异的品种金峰3号、春鸣、春泉、春鼎等。

5.3　**种子用量**　育苗移栽 667m² 用种量 10～15g。

6. 种子处理

6.1　**晒种**　选择晴天上午 10 点钟前晒种 1～2h。

6.2　**种子消毒**　将精选的种子用 55℃温水浸种 15～20min，再用 0.1％高锰酸钾液或 10％磷酸三钠溶液浸泡 15～20min 消毒，捞出后用清水冲洗干净。

6.3　**浸种**　消毒后的种子，用清水浸种 6～8h。

6.4　**催芽**　经浸泡后的种子置于 26～30℃环境中催芽，70％左右种子露白，即可播种。

7. 播种

7.1　**播种时间**　每年 4 月 15 日开始进行温棚育苗，苗期 25d，5 月上中旬移栽，7 月下旬可收获上市，大白菜定植后生长期 60～75d。

7.2　**浇水**　播种前一天，对装满土的营养杯浇透水，在水分的作用下，营养杯内的营养土会自然沉实 0.5～1.0cm，为播种创造了良好条件。

7.3　**播种**　在每个营养杯内放置一粒催好芽的种子。

7.4　**覆土浇水**　每个营养杯内覆土约 0.5～1.0cm，然后再用喷壶浇水适量。

8. 苗床管理

8.1　**覆盖地膜**　为了保证播完种的营养杯尽快增温，在棚内将播完种的营养杯用地膜盖好，以起到保水增温的效果。

8.2　**出苗前浇水**　观察营养杯水分状况，要求见湿见干，一般每隔 3d 揭开地膜浇水 1 次，浇水最好在早晚进行，浇完水后盖好地膜。

8.3　**棚温指标**　温棚内的日均温度必须控制在 12℃以上，这是大白菜防抽薹的基本要求。棚内日极端最高温度白天不能高于 35℃，防止幼苗过快生长形成弱苗，极端最低温度不能低于 5℃，防止幼苗通过春化阶段。

8.4　**棚温调控**　通过揭盖草帘的方式来调控温棚的温度，白天光照充足揭开草帘，促使温棚增温，傍晚盖上草帘，夜间保温，如果棚内温度过高可以加盖草帘或者打开通风口降温，棚内温度过低可以多加盖草帘保温。

8.5 **揭去苗床地膜** 当70%的幼苗顶土以后，揭去苗床地膜通风透光，促使幼苗健壮生长。

8.6 **水肥管理** 揭去苗床地膜后，视营养杯内的水分情况，及时进行水分管理，一般每 2d 浇水 1 次，在两叶一心时，用1%的尿素溶液结合浇水追肥一次。

8.7 **通风炼苗** 移栽定植前 3～5d，幼苗四叶一心时打开拱棚两侧进行通风炼苗，通风时间要依据天气状况而定。一般情况下，第一天通风时间为 8：00～16：00，第二天为 8：00～18：00，第三天开始视天气情况实施全天 24h 炼苗，然后移栽大田。

9. 移栽定植

按照田间密度要求，将通风炼苗后的四叶一心健康壮苗移栽定植到大田。移栽大田后的白菜管理，同一般白菜田管理。

第二节 带状种植小南瓜生产技术规程

一、制定技术规程的目的、意义与必要性

农牧交错带半干旱风沙区地处内蒙古高原的南缘，位于京津及华北的上风地区。区域大气干旱、常年多风、风蚀严重，气候冷凉、年积温低、作物生长季短成为作物生长自然因子的限制，而经济贫困、粮草短缺、人畜超载又成为区域经济发展社会因子的制约，恶劣的立地条件与落后的贫困经济相互掣肘着农村经济的发展。区域特殊的地理位置与生存现状决定了区域农业既要承担减抑风蚀、保护环境的社会责任，又要肩负维护人们生存、提高农民收益的现实目标，面对区域所面临的两大任务，农业生产应该重点选择既保护环境又兼顾农民增收的作物。

小南瓜属于稀植的经济作物，农田密度为每 667m^2 800 株左右，行距 2m，株距 0.4～0.5m，整地时按行距进行种植行旋耕，

同时进行覆膜，旋耕的土壤仅占全田的1/4，几近农作物生产少耕的极限，加之旋耕后进行覆膜，土壤水分可以有效地保蓄在农田内。小南瓜生长期间地上纵横交错的瓜蔓及硕大的叶片覆盖全田，很好地抑制了农田的水分蒸发，蒸腾成为农田水分利用的主要途径，为区域高效用水搭建了基础平台，小南瓜收获至来年整地，是区域农田风蚀最严重的时段，期间瓜田行内覆盖了残膜，行间是未进行任何扰动的土壤，实施小南瓜带种可以高效减低农田土壤的风蚀。小南瓜单产为133.3/kg，产值为2 000元，为当地主要粮食作物莜麦的近5倍。因此区域带种减沙小南瓜生产技术实现了生态效益与经济效益的双赢。为了更好地规范冀西北高寒区小南瓜的生产，制定区域“带状种植小南瓜生产技术规程”。

二、国内外生产技术状况及规程制定的依据

小南瓜的营养价值较高，在日本、韩国等发达国家小南瓜育种及栽培技术起步较早，生产较为稳定。我国小南瓜的育种工作起步较晚，但发展较快，到目前山西、江苏、吉林、黑龙江、北京等省市的科研单位相继培育出优质小南瓜新品种。小南瓜在我国各地有一定的栽培面积，多以水浇地进行设施及露地种植。河北农业大学张北实验站采用聚雨保水集肥等技术创新，实现了小南瓜在冀西北高寒区地瘠、少雨、缺肥的砂质栗钙土农田上高效生产，单产可达1 000kg，经济收入实现1 000元，为同类农田种植莜麦收入的4～5倍，提高了农民经济收益。同时，由于小南瓜行间不耕翻，行内覆地膜，南瓜收获后田间带膜越冬且不进行任何耕地作业，因此在干旱多风、风蚀严重的冀西北高寒区，小南瓜的种植具有重要减抑风沙、保护环境的效果。

目前尚无小南瓜高效生产的国家标准及行业标准，河北省也没有小南瓜生产技术的相关规程。在地方标准中，海南省虽然公布了小南瓜生产技术规程的地方标准（DB46/T 86—2007），但是海南与河北省立地条件、自然资源状况以及社会经济条件相差悬殊，所

追求的社会生态经济等目标也不相同，小南瓜生产的技术规程及主要技术指标差异很大，制定农牧交错带半干旱风沙区带状种植小南瓜生产技术规程十分必要。

三、农牧交错半干旱风沙区带状种植小南瓜生产技术规程

1. 小南瓜的相关术语和定义

1.1 **小南瓜** 小南瓜亦称为印度南瓜、西洋南瓜等，属于葫芦科南瓜属，果实为扁圆形，单果重一般在 1.0～2.0 千克。

1.2 **营养杯育苗** 利用纸杯或塑料杯装营养土培育南瓜幼苗的方式。

1.3 **压蔓** 当瓜蔓伸长到一定长度后在某一节上用土或其他固定物压制瓜蔓。

1.4 **农药安全间隔期** 最后一次施用农药至果实采收时的间隔天数。

1.5 **破心期** 瓜苗真叶长出的时期。

1.6 **抽蔓期** 从 6～7 真叶至雌花开放前的时期。

1.7 **结果期** 从雌花开放至果实成熟的时期。

1.8 **根瓜** 瓜蔓上着生第一个瓜。

2. 产地环境

选择在气候冷凉，年积温 2 000～2 500℃，降水 400～500mm，地势平坦，土层深厚、疏松的高寒半干旱砂壤土或壤土种植。

3. 生产技术管理

3.1 **生育季节** 小南瓜在河北省高寒区一年一熟。适宜播期为每年 5 月上旬，收获期为 8 月下旬，生育期为 100～110d。

3.2 **品种选择** 选择抗病、耐贮运、肉质粉甜、风味佳、商品性好、适合市场需求的红太阳、日本红甜栗等品种。

3.3 **育苗技术**

3.3.1 **育苗方式** 采用纸质或塑料营养杯育苗，亦可直播。

3.3.2 **育苗材料** 育苗材料包括 7.0cm×7.5cm 的纸质或

8cm×8cm 塑料营养杯，塑料薄膜及足量的营养土。

3.3.3　**育苗场地**　场地材料包括搭建拱棚所需的塑料棚膜、竹竿、铁丝等。育苗在塑料拱棚内进行，塑料拱棚的大小视育苗数量而定。

3.3.4　**种子用量**　育苗移栽 667m^2 用种量 100～150g，直播 667m^2 用种量 200～250g。

3.3.5　**种子质量**　应符合 GB16713.1 中二级以上标准。种子纯度≥95%，净度≥98%，发芽率≥80%。

3.3.6　**种子处理**

3.3.6.1　**晒种**　选择晴天上午 10 点钟前晒种 1～2h。

3.3.6.2　**种子消毒**　将精选的种子用 55℃温水浸种 15～20min，再用 0.1%高锰酸钾液或 10%磷酸三钠溶液浸泡 15～20min 消毒，捞出后用清水冲洗干净。

3.3.6.3　**浸种**　将消毒后的小南瓜种子浸泡在 30℃温水中一昼夜，保证种子吸足水分。

3.3.7　**催芽**　经浸泡后的种子置于 25～30℃环境中催芽，70%左右种子露白即可播种。

3.3.8　**营养土**

3.3.8.1　**营养土要求**　营养土孔隙度约 60%，土壤疏松，土质均匀，保肥保水性能良好，养分全面。

3.3.8.2　**营养土配制**　营养土以腐熟农家肥与当地的旱滩土（草甸栗鈣土）1∶1 的比例配制，每立方米营养土加入尿素 1.0kg、磷酸二铵 2.0kg、硫酸钾 2.0kg，当地的旱滩土应来源于近三年内未种过葫芦科作物的农田。

3.3.9　**营养杯装土**　将纸质或塑料营养杯平摆在育苗塑料棚内，均匀装入营养土至营养杯上沿 1.0～1.5cm 处。

3.3.10　**育苗播种**　播种前一天下午将装满营养土的营养杯浇透水，选择萌发、露白的种子进行播种。每个营养杯播 1 颗种子，种子平放，胚根朝下，然后在营养杯表面覆盖 1.0～1.5cm 厚的营养土，然后盖上农膜保墒增温。

3.3.11　苗床管理

3.3.11.1　**揭去覆盖的农膜**　当种子出苗70%左右时及时揭去覆盖的农膜，进行通风。

3.3.11.2　**肥水管理**　育苗期间，天气干旱时每天早、晚各浇水一次，保持苗床见干见湿。在出苗至破心期喷施0.5%磷酸二铵肥水或10%稀粪水一次。幼苗二叶一心时准备移栽。

3.3.11.3　**温度调控**　育苗期间依据昼夜温度，通过棚外草帘调控棚内温度，棚内白天控制在25～30℃，夜间在14～16℃；

3.3.11.4　**通风炼苗**　幼苗二叶一心时打开拱棚两侧进行通风炼苗，通风时间要依据天气状况而定。一般情况下，第一天通风时间为8：00～16：00，第二天为8：00～18：00，第三天开始视天气情况实施全天24小时炼苗，然后可以移栽大田。

3.4　**整地**

3.4.1　**施基肥**　将预先腐熟好的农家肥每667m^{2}用1 000～1 500kg，与尿素10kg、磷酸二铵20kg充分混匀，按照小南瓜的行距2m，集中施入农田。

3.4.2　**旋耕整地**　使用深耕旋耕机（专利号：2008201347404），按照2m行距进行旋耕，旋耕幅宽40～50cm，耕深30cm。

3.4.3　**盖地膜**　用0.8m宽的白色或黑色地膜将旋耕好的小南瓜栽种行覆盖。

3.5　**移栽定植**

3.5.1　**移栽时间**　移栽时间为5月下旬至6月初。

3.5.2　**定植密度**　小南瓜种植密度为每667m^2 800～850株。行距2m，株距40～45cm。

3.5.3　**定植方法**

3.5.3.1　**挖穴**　按照株行距要求，用取根器在覆好地膜的行内挖穴，取根器内的土放于穴旁的地膜上，用于栽苗后覆土时用。

3.5.3.2　**浇水**　在每穴内浇水1kg，如果一次不能完成可以分两次浇完。

3.5.3.3　**栽苗**　选择健壮幼苗，在每穴内栽苗1株，定植深度以比地面略深1cm左右为宜，栽后立即覆土并压好地膜。

3.6　直播

3.6.1　**整地**　直播整地与育苗移栽整地（3.4整地）相同。

3.6.2　**挖穴与浇水**　直播时挖穴与浇水与育苗移栽时（3.3.3.1挖穴和3.3.3.2浇水）相同。

3.6.3　**播种**　在每年的4月底5月初进行直播地小南瓜播种，种子可用催芽，也可用干籽直播。在浇足水的穴内点种1～2粒种子，盖土1.0～1.5cm，约7～10d出苗。幼苗出土后，1～2片真叶时，每穴选留1株壮苗。

3.7　田间管理

3.7.1　**查苗补苗**　育苗移栽时，定植后3～4d应及时查苗、补苗，直播时在播后10d进行查苗定苗，确保苗全苗壮。

3.7.2　**压蔓**　植株从第7～9节起每长出3节压一次蔓，全生育期一般压蔓2～3次。

3.7.3　**追肥**　缓苗后追一次"促苗肥"，用0.5%的尿素溶液，每667m^2追施尿素1kg。坐瓜后重施氮肥和磷肥，每次每667m^2追施尿素5kg、磷酸二铵5kg、从坐果开始每10d喷施一次，总计喷施3～4次。

3.7.4　**整枝**　只留主蔓结瓜，侧蔓全部摘除。每株留1～2个瓜。坐瓜部位第一瓜以2～3节、第二瓜以7～8节为宜，根瓜应及时摘除。

3.7.5　**去顶**　当小南瓜主蔓长出第15片叶时，去掉顶尖，使整个主蔓在生育期内维持15个叶片。

3.7.6　**授粉**　在雌花开放阶段，采用人工辅助授粉，可在每天早上6：00～10：00时，采摘刚完全开放的雄花，除去花瓣，将花药上的花粉轻轻黏到刚完全开放的雌花柱头上，也可用毛笔将花粉传到雌花柱头上。

3.8　病虫害防治

3.8.1　**防治原则**　按照"预防为主，综合防治"的植保方针，坚持以"农业防治、物理防治、生物防治为主，化学防治为辅"的无害化防治原则。

3.8.1.1 **农业防治** 根据小南瓜主要病虫控制对象，选用高抗多抗的太阳、日本红甜栗等品种。创造适宜的生长环境，培育适龄壮苗，提高小南瓜的抗逆性。小南瓜生长期间控制好温度、湿度、光照、肥水等，创造有利于植株生长的环境，避免侵染性病害的发生。

3.8.1.2 **物理防治** 育苗时进行营养土消毒，播种前晒种，催芽时进行温汤浸种。生长期间利用昆虫的趋光或趋化性进行害虫诱杀。

3.8.1.3 **生物防治** 利用自然天敌如寄生蜂、草蛉、瓢虫等防治害虫。采用生物源农药如植物农药、印楝素、苦参碱、微生物农药 Bt 等防治害虫。

3.8.1.4 **化学防治** 化学防治应符合 GB 4285、GB/T 8321 的要求。注意轮换用药，严格控制农药安全间隔期（主要病虫害防治见表 7－1）。

3.8.2 主要病虫害

3.8.2.1 苗期主要病虫害：猝倒病、立枯病。

3.8.2.2 田间主要病虫害：白粉病、炭疽病、病毒病、蚜虫、地老虎、根结线虫等。

3.8.3 **禁止使用的高毒、剧毒农药** 生产上不应使用杀虫脒、氰化物、磷化铅、六六六、滴滴涕、氯丹、甲胺磷、甲拌磷（3911）、对硫磷（1605）、内吸磷、甲基对硫磷（甲基 1605）、苏化 203、杀螟磷、磷胺、异丙磷、三硫磷、氧化乐果、磷化锌、克百威、水胺硫磷、久效磷、三氯杀螨醇、涕灭威、灭多威、氟乙酰胺、有机汞制剂、砷制剂、西力生、赛力散、溃疡净、五氯酚钠等和其他高剧毒、高残留农药。

3.9 收获

3.9.1 **适时采收果实** 当果实已充分肥大、果梗发生网状龟裂木质化时，要及时采摘成瓜，促进后批果实膨大。一般采收在开花后 2 个月左右。

3.9.2　**果实外部要求**　果实有光泽，坚实不萎蔫，果形符合品种特点，果实表面清洁光滑。

3.9.3　**收后田园整理**　采收结束后，瓜蔓留存地面，春播前整理田面，尽可能不要损坏地膜，为小南瓜田非生长季保墒、减少土壤风蚀提供基础。

表 7-1　小南瓜主要病虫害防治一览表

主要防治对象	农药名称与使用方法	安全间隔期（d）
猝倒病	72.2%普力克水剂 400 倍喷雾	7
立枯病	15%恶霉灵可湿性粉剂 450 倍喷雾	3
	20%土菌灵水剂 600～800 倍喷雾	7
白粉病	50%翠贝水分散颗粒剂 1 500～2 000 倍喷雾	7
	25%三唑酮可湿性粉剂 3 000～4 000 倍喷雾	7
	30%特富灵可湿性粉剂 1 500～2 000 倍喷雾	7
炭疽病	50%施保功可湿性粉剂 1 000～1 500 倍喷雾	7
	10%世高水分散颗粒剂 1 000～1 500 倍喷雾	5
	70%甲基托布津可湿性粉剂 1 000 倍喷雾	7
蚜虫	2.5%功夫水乳剂 4 000 倍喷雾	7
	5%吡虫啉乳油 1 000～1 500 倍喷雾	7
	2.5%溴氰菊酯乳油 2 000 倍液雾	5
地老虎	1.5%菌线威 3 500～7 000 倍灌根	15
根结线虫病	10%地虫克粉可湿性粉剂每 667m^2 2～2.5kg 穴施	15
	10%福气多粉粒剂每 667m^2 1.5～2kg 穴施	15
	5%克线丹每 667m^2 3～5kg 穴施	30
	0.5%阿维菌素颗粒剂每 667m^2 5kg 穴施	30

第三节　带状种植小西瓜生产技术规程

一、制定技术规程的目的、意义与必要性

小西瓜属于稀植的经济作物，农田密度为每 667m^2 850～900

株，行距1.6m，株距0.4～0.5m，整地时按行距进行种植行旋耕，同时进行覆膜，旋耕的土壤仅占全田的1/4，加之旋耕后进行覆膜，土壤水分可以有效地保蓄在农田内。小西瓜生长期间地上纵横交错的瓜蔓及叶片覆盖全田，很好地抑制了农田的水分蒸发，蒸腾成为农田水分利用的主要途径，为区域高效用水搭建了基础平台。小西瓜收获至来年整地，是区域农田风蚀最严重的时段，期间瓜田行内覆盖了残膜，行间是未进行任何扰动的土壤，带种减沙小西瓜可以高效减低土壤的风蚀。小西瓜单产为1 750～2 100kg，产值为2 000～2 500元，为当地主要粮食作物莜麦的5～6倍。因此区域带状种植小西瓜生产技术实现了生态效益与经济效益的双赢。为了更好地规范农牧交错带半干旱风沙区小西瓜的生产，制定区域“带状种植小西瓜生产技术规程”。

二、国内外生产技术状况及规程制定的依据

小西瓜的营养价值高、口感好，是近几年来新出现的高档水果。在日本、韩国、我国台湾省等地，小西瓜育种及栽培技术起步较早，生产较为稳定。在我国，小西瓜的育种工作起步较晚，但发展较快，目前湖南、江苏、北京等省市的科研单位相继培育出优质小西瓜新品种。小西瓜在我国各地有一定的栽培面积，多以水浇地进行设施及露地栽培。河北农业大学张北实验站采用聚雨保水集肥等技术创新，实现了小西瓜在冀西北高寒区地瘠、少雨、缺肥的砂质栗钙土农田上高效生产，单产可达1 500kg以上，每667m^{2}经济收入实现1 000元，为同类农田种植莜麦收入的5～6倍，提高了农民收益。同时，由于小西瓜行间不耕翻，栽培行内覆地膜，西瓜收获后田间带膜越冬且不进行任何耕地作业，因此在干旱多风、风蚀严重的冀西北高寒区，带种小西瓜减少风沙、保护环境效果显著，因此区域小西瓜生产具有重要的经济、社会及生态效益。鉴于目前尚没有小西瓜高效生产的国家标准及行业标准，为了更好地规范区域小西瓜的生产，制定农牧交错带半干旱风沙区带状种植小西瓜生产技术规程十分必要。

三、农牧交错半干旱风沙区带状种植小西瓜栽培技术规程

1. 小西瓜相关的术语和定义

1.1　**小西瓜**　西瓜亦称夏瓜、水瓜，属葫芦科西瓜属，果实为圆形或椭圆形，原产地非洲。小西瓜系指单果重一般在1.0～2.0kg的小型西瓜。具有生育期短、早熟、品质优良的特性。

1.2　**营养杯育苗**　利用纸杯或塑料杯装营养土培育小西瓜幼苗的方式。

1.3　**压蔓**　当瓜蔓伸长到一定长度后在某一节上用土或其他固定物压制瓜蔓，防止瓜秧及瓜滚动，有利于生产管理和采收西瓜。

1.4　**农药安全间隔期**　最后一次施用农药至果实采收时的间隔天数。

1.5　**发芽期**　播种至第一片真叶出现。此期要求适宜的水分、温度和通气条件。25～30℃下，10d。

1.6　**幼苗期**　从第一真叶显露至“团棵”（5～6片真叶），在适宜条件下25～30d。

1.7　**抽蔓期**　从“团棵”至主蔓留瓜节位雌花（一般为第二雌花）开放，在20～25℃条件下18～20d。

1.8　**结果期**　从雌花开放至果实成熟的时期。小西瓜陆地栽培条件下30～35d成熟。

1.9　**根瓜**　瓜蔓上第一个雌花所结瓜。

2. 产地环境

选择在气候冷凉，昼夜温差大，年积温2 000～2 500℃，降水350～500mm，地势平坦，土层深厚、疏松的高寒半干旱沙壤土或壤土种植，并符合NY5010的规定。

3. 生产技术管理

3.1　**栽培季节**　小西瓜在河北省高寒区一年一熟。适宜播期为每年5月上旬，收获期为8月下旬，生育期为100～110d。

3.2 **品种选择** 选择抗病、耐贮运、肉质酥脆多汁、含糖量高、风味佳、商品性好、适合市场需求的品种。京秀、黄小帅、红小帅、好运来、喜春、黑美人等品种。

3.3 **育苗技术**

3.3.1 **育苗方式** 采用纸质或塑料营养杯育苗，亦可直播。

3.3.2 **育苗材料** 育苗材料包括 7.0cm×7.5cm 的纸质或 8cm×8cm 塑料营养杯，塑料薄膜及足量的营养土。

3.3.3 **育苗场地** 场地材料包括搭建拱棚所需的塑料棚膜、竹竿、竹片、铁丝等。育苗在塑料拱棚内进行，塑料拱棚的大小视育苗数量而定。育苗亦可在日光温室内进行。

3.3.4 **种子用量** 生产所用小西瓜种子系杂种一代，因品种不同种子的千粒重差别大。每 667m^2 育苗栽培按 900～1 100 株备苗（即每每 667m^2 900～1 000 粒种子），每 667m^2 直播用种量为 1 100～1 200 粒。

3.3.5 **种子质量** 应符合 GB16713.1 中二级以上标准。种子纯度≥95%，净度≥98%，发芽率≥80%。

3.3.6 **种子处理**

3.3.6.1 **晒种** 选择晴天上午 10 点钟前晒种 1～2h。

3.3.6.2 **种子消毒** 将精选的种子用 55℃温水浸种，迅速搅拌 15～20min，当水温度降至 40℃时停止搅拌。再用 1%高锰酸钾液或甲基托布津 1 000 倍溶液浸泡 15～20min 消毒，捞出后用清水冲洗干净。

3.3.6.3 **浸种** 消毒后的种子，用清水浸种 24h。

3.3.7 **催芽** 经浸泡后的种子置于 25～30℃ 环境中催芽，70%左右种子露白，即可播种。

3.3.8 **营养土**

3.3.8.1 **营养土要求** 营养土孔隙度 60%，土壤疏松，保肥保水性能良好，养分要求全面，pH 3.5～7.5。

3.3.8.2 **营养土配制** 营养土以腐熟农家肥与当地的旱滩土（草甸栗鈣土）2∶1 的比例配制，每方营养土加入尿素 1.0kg、磷酸二铵 2.0kg、硫酸钾 2.0kg，旱滩土应选择近三年内未种过葫芦科作物的农田，不得使用菜园土。将营养土各成分充分混合后备用。

3.3.9　**营养杯装土**　将纸质或塑料营养杯平摆在育苗塑料棚的育苗畦内，均匀装入营养土至营养杯上沿 1.0～1.5cm 处。

3.3.10　**育苗播种**　播种前一天下午把装满营养土的营养杯浇透水，选择萌发、露白的种子进行播种。每个营养杯播 1 颗种子，种子平放，胚根朝下，在营养杯表面覆盖 1.0～1.5cm 厚的营养土，然后盖上地膜保墒增温。

3.3.11　**苗床管理**

3.3.11.1　**揭去覆盖的地膜**　当种子出苗 70%左右时及时揭去覆盖在育苗畦上的地膜，进行通风。

3.3.11.2　**肥水管理**　育苗期间，天气干旱时每天早、晚各浇水一次，保持苗床见干见湿。在出苗至破心期喷施 0.5%磷酸二铵肥水或 10%稀粪水一次。幼苗二叶（真叶）一心时移栽。

3.3.11.3　**通风炼苗**　幼苗二叶一心时打开拱棚两侧进行通风炼苗，通风时间要依据天气状况而定。一般情况下，第一天通风时间为 8：00～16：00，第二天为 8：00～18：00，第三天全天 24h 炼苗，然后可以移栽到大田。

3.4　**整地**

3.4.1　**施基肥**　将预先腐熟好的农家肥每 667m² 1 000～1 500kg，与尿素 15～20kg、磷酸二铵 20～40kg，充分混匀，按照小西瓜的行距 1.6m，集中条状施入农田（只在栽培行施肥）。

3.4.2　**旋耕整地**　使用深耕旋耕机（专利号：2008201347404），按照 1.6m 行距进行旋耕，旋耕幅宽 40～50cm，耕深 30cm。

3.4.3　**盖地膜**　用 0.8m 宽的无色（露地直播只能用无色地膜）或黑色地膜将旋耕好的栽培行覆盖，栽培沟的中央为凹槽状，便于汇聚、接纳雨水。

3.5　**移栽定植**

3.5.1　**移栽时间**　移栽时间为 5 月下旬至 6 月初。

3.5.2 **定植密度** 小西瓜种植密度为每 667m² 850 株。行距 1.6m，株距 0.5m。

3.5.3 **定植方法**

3.5.3.1 **挖穴** 按照株行距要求，用取根器在覆好地膜的行内挖穴，取根器内的土放于穴旁的地膜上，用于栽苗后覆土时用。

3.5.3.2 **浇水** 在每穴内浇水 1kg，如果一次不能完成可以分两次浇完。

3.5.3.3 **栽苗** 选择健壮幼苗，在每穴内栽苗 1 株，定植深度以比地面略深 1cm 左右为宜，栽后立即覆土并压好地膜。

3.6 **直播**

3.6.1 **整地** 直播整地与育苗移栽整地（3.4 整地）相同。

3.6.2 **浇水** 直播时浇水，将水用水管直接引入栽培沟内，一次浇透，覆膜增温。

3.6.3 **播种** 在每年的 5 月 15 日前后进行直播。种子可用催芽，也可用干籽消毒后浸种 24h 直播。在浇足水的播种沟内点种 1～2粒种子，盖土 1.0～1.5cm。约 7～10d 出苗，幼苗出土后，1～2片真叶时，每穴选留 1 株壮苗。同时检查苗情，对缺苗部位进行补苗。

3.7 **田间管理**

3.7.1 **查苗补苗** 育苗移栽时，定植后 3～4d 应及时查苗、补苗，直播时在播后 10d 进行查苗定苗，确保苗全苗壮。

3.7.2 **压蔓** 植株从第 7～9 节起每长出 3 节压一次蔓，全生育期一般压蔓 2～3 次。对于地势较平坦、风力较小的地区，可以采取疏枝引蔓的方法，将瓜蔓引向与栽培行垂直的方向即可，以减少用工量。

3.7.3 **追肥** 缓苗后追一次“促苗肥”，用 0.1%～0.2%的尿素溶液喷施叶面。坐瓜后重施氮肥和磷肥，每次每亩追施尿素 5kg、磷酸二铵 5kg，从坐果开始每 10 天喷施一次，总计喷施 2～3 次。在西瓜膨大中期追施一次硫酸钾，每亩用量 5kg。

3.7.4 **整枝**　小西瓜整枝采用三蔓整枝法。每株留一个主枝、两个侧枝，然后摘心。以主枝和一个侧枝各结瓜一个，另一侧枝作为辅养枝。坐瓜部位以第二雌花为宜，根瓜应及时摘除。

3.7.5 **授粉**　在雌花开放阶段，采用人工辅助授粉，可在每天早上 9 时后进行，采摘刚开放的雄花，除去花瓣，将花药上的花粉轻轻蘸到刚完全开放的雌花柱头上，也可用毛笔将花粉传到雌花柱头上，或在田间放置蜜蜂箱，每 1 334～2 668 放置 1 箱。在一些昆虫丰富的地区，可由昆虫授粉，无需人工劳作。

3.7.6 **果实发育后期管理**　果实发育后期，宜采取垫瓜、遮阴等措施，使果实着色均匀，防止瓤瓜、日灼等生理性病害。

3.7.7 **适时采收**　雌花授粉坐果后 30d，小西瓜即达到成熟。如果就地销售，可在此时收获，如果跨地区远距离运输，则要适当提前采摘，即当小西瓜达到七八成熟时就要采收。

3.7.8 **果实质量要求**　果实表面色泽均匀，果形端正，具有该品种应有的外观特征，果形符合该品种特点，果实表面清洁。

果肉着色均匀，酥脆多汁，中心固型物含量 11%以上。

3.7.9 **清洁田园**　采收结束后，要保留地膜，待来年春天耕地时再将其清理，以保证冬春季节栽培行土壤不被风蚀起沙。而将残枝败叶清理干净，集中进行无害化处理，保持田间清洁。

4. 病虫害防治

4.1 **防治原则**　按照“预防为主，综合防治”的植保方针，坚持以“农业防治、物理防治、生物防治为主，化学防治为辅”的无害化治理原则。

4.1.1 **农业防治**　根据河北省主要病虫控制对象，选用高抗多抗的品种。创造适宜的生长环境，培育适龄壮苗，提高抗逆性，控制好温度、湿度、光照、肥水等，创造有利于植株生长的环境，避免侵染性病害的发生。

4.1.2 **物理防治**

4.1.2.1 **银灰膜驱避蚜虫**：铺银灰色地膜或张挂银灰膜条避蚜，利用害虫的趋光或趋化性进行诱杀。

4.1.2.2 **高温消毒**：整地前深翻晒土；播种前温汤浸种。

4.1.3 **生物防治**

4.1.3.1 利用自然天敌如寄生蜂、草蛉、瓢虫等防治害虫。

4.1.3.2 采用抗生素如农用链霉素、水合霉素和新植霉素等防治病害。

4.1.3.3 采用生物源农药如植物农药、印楝素、苦参碱、微生物农药BT等防治害虫。

4.1.4 **化学防治** 化学防治应符合GB 4285、GB/T 8321的要求。注意轮换用药，严格控制农药安全间隔期。（主要病虫害防治见表7-3）

4.2 **主要病虫害**(表7-2，表7-3)

4.2.1 **苗期主要病虫害**：猝倒病、立枯病。

4.2.2 **田间主要病虫害**：白粉病、炭疽病、病毒病、蚜虫等。

4.3 **不允许使用的高毒、剧毒农药** 生产上不应使用杀虫脒、氰化物、磷化铅、六六六、滴滴涕、氯丹、甲胺磷、甲拌磷(3911)、对硫磷（1605）、内吸磷、甲基对硫磷（甲基1605）、苏化203、杀螟磷、磷胺、异丙磷、三硫磷、氧化乐果、磷化锌、克百威、水胺硫磷、久效磷、三氯杀螨醇、涕灭威、灭多威、氟乙酰胺、有机汞制剂、砷制剂、西力生、赛力散、溃疡净、五氯酚钠等和其他高剧毒、高残留农药。

表7-2 西瓜常见病虫害及发生条件

病虫害名称	病原或害虫类别	传播途径	有利发生条件
猝倒病	真菌：瓜果腐霉菌	雨水、灌溉水、带菌肥料	土壤温度10～15℃，相对湿度大
炭疽病	真菌：瓜类炭疽病菌	雨水、灌溉水、种子	相对湿度87～95%，10～30℃
枯萎病	真菌：尖镰孢菌	土壤、肥料、种子、灌溉水	连作、24～28℃，酸性土壤、湿度大、偏施氮肥

（续）

病虫害名称	病原或害虫类别	传播途径	有利发生条件
病毒病	病毒：黄瓜花叶病毒、西瓜花叶病毒 2 号、甜瓜花叶病毒等多种病毒引起	瓜蚜、桃蚜、农事操作等	高温、强光、干旱、肥水不足、蚜虫大量发生
蚜虫	同翅目，蚜科	有翅孤雌蚜迁飞	16～20℃、干旱
瓜叶螨	蛛形纲，叶螨科	爬行、风、雨	温暖、干燥、少雨
黄守瓜	鞘翅目，叶甲科	爬行、迁飞	15～28℃，湿度大

表 7－3　西瓜主要病虫害防治一览表

主要防治对象	农药名称与使用方法	安全间隔期（d）
猝倒病	72.2%普力克水剂 400 倍喷雾	7
立枯病	15%恶霉灵可湿性粉剂 450 倍喷雾	3
	20%土菌灵水剂 600～800 倍喷雾	7
白粉病	50%翠贝水分散颗粒剂 1 500～2 000 倍喷雾	7
（保护地）	25%三唑酮可湿性粉剂 3 000～4 000 倍喷雾	7
	30%特富灵可湿性粉剂 1 500～2 000 倍喷雾	7
炭疽病	50%施保功可湿性粉剂 1 000～1 500 倍喷雾	7
	10%世高水分散颗粒剂 1 000～1 500 倍喷雾	5
	70%甲基托布津可湿性粉剂 1 000 倍喷雾	7
病毒病	1.5%植病灵乳剂＋植物动力 2 003 1 000 倍＋800 倍喷雾	7
	20%病毒 A 可湿性粉剂＋83 增抗剂 500 倍＋100 倍喷雾	7
	72%病毒必克＋云大 120 600 倍＋800 倍喷雾	7
蚜虫	2.5%功夫水乳剂 4 000 倍喷雾	7
	5%吡虫啉乳油 1 000～1 500 倍喷雾	7

（续）

主要防治对象	农药名称与使用方法	安全间隔期（天）
黄守瓜	2.5%溴氰菊酯乳油 2 000 倍液雾	5
	5%高效氯氰菊酯乳油 800～1 000 倍液雾	5
	90%敌百虫结晶 1 500～2 000 倍液灌根	7
	50%辛硫磷乳油 2 000～3 000 倍液灌根	10

第八章 农牧交错半干旱偏旱风沙区保护性耕作技术规程

第一节 马铃薯与燕麦带状留茬间作技术规程

一、种植技术

1. 播前准备

1.1 **种子精选** 选用优质的燕麦种子，如燕科1号、白燕2号、内农大燕1号等，其种子纯度和净度达到95%以上，发芽率85%以上；马铃薯选择当地主栽马铃薯品种，其薯块芽眼较多，无病害。精选的种子质量符合GB 4 407.2粮食作物种子—禾谷类和GB 18133粮食作物种子—薯类规定的指标。

1.2 **种子处理** 种子播前晒种2～3d，提倡使用包衣种子，种子包衣标准按GB 15671规定执行；将马铃薯分为大小30～50g/块的薯块，用草木灰包裹，晾晒半天左右。

1.3 **整地** 等距规划两种作物的带宽，燕麦田在上年秋收后整地，深耕15～20cm，耕透耙匀，平整田面。马铃薯田播种前深耕15～20cm，翻压根茬，耙耱土块，平整田面。

1.4 **播前除草** 燕麦播种前15～20d进行封闭除草，用草甘膦喷施或用氟乐灵播前土壤表土3～5cm混土处理。遇披碱草等恶性杂草多的地块可在秋收后使用草甘膦喷施处理。农药符合GB/T 8321农药合理使用准则。

1.5 **肥料施用** 按照NY/T 496肥料合理使用准则要求，根据土壤肥力状况，确定施肥量与施肥方式，马铃薯氮肥总用量的60%和磷钾肥总量应基施，提倡有机肥与化肥配合施用，适量增施中、微量元素，播种时开沟施用。燕麦氮磷钾肥作种肥施用，应与种子分层施用，种子在上，肥料在下。不同产量水平的氮磷钾肥料使用量参照马铃薯、燕麦氮磷钾施用量推荐表。

2. 播种

2.1　**播种期**　一般10cm土层地温稳定在6～7℃时开始播种，燕麦的适宜选择播种期为5月20日～6月1日，马铃薯的适宜播种期选择在5月10日～5月25日，采用机械播种。

2.2　**播种深度**　马铃薯播种深度10～15cm，播后耱平田面。燕麦播种深度3～5cm，播后镇压。

2.3　**播种量**　马铃薯带每亩按照保苗3 000～3 300株进行播种，播种量根据基本株数通过公式8-1进行估算，一般采用小整薯播种量为667m^2 50～70kg，采用切块种薯播种量为667m^2 75～90kg。燕麦带每667m^2按照保苗25万～30万株进行播种，播种量根据基本苗数通过公式8-2进行估算，一般采用播种机直接播种方式，播种量为667m^2 8～10kg。

每667m^2播种量（kg）＝基本苗数/

［每千克切块种薯数×田间出苗率（%）］（公式8-1）

每667m^2播种量（kg）＝基本苗数（万）/［每千克种子

粒数（万）×净度（%）×发芽率（%）

×田间出苗率（%）］　　（公式8-2）

2.4　**种植方式**　采用马铃薯与燕麦间作轮作种植方式，每两年一个轮作周期，第一年种马铃薯的地块第二年种植燕麦，种植燕麦的地块第二年种植马铃薯。

2.5　**种植带宽**　马铃薯与燕麦带状间作的带宽要求在10m以内，两种作物的种植带宽应一致，应以播种机宽度的整数倍来确定带宽，一般采用6.0～10.0m的带宽等距进行种植。

2.6　**播种方式**　燕麦带用耧播或机械播种，行距为20～25cm。播种后镇压，马铃薯带采用双行播种机播种，行距50cm，配合进行施肥、覆土。第二年，马铃薯田改种燕麦，燕麦田改种马铃薯。

3. 田间管理

3.1　**苗期管理**　燕麦2～4叶期及时查苗补缺，缺苗断垄的用同一品种催芽补种，有疙瘩苗的及时疏苗；马铃薯带的马铃薯苗5～8cm高时，进行查苗补苗，缺苗断垄的用事先在空地上种植的马铃薯秧苗移入缺苗处。

3.2　**化学除草**　燕麦3～4叶期，可选用22.5%溴苯腈乳油每667m^2 100ml加36%禾草灵乳油130～183ml，各兑水15～20kg，然后混配在一起；或用667m^2 13%二甲四氯钠水剂60ml加25%绿麦隆可溶性粉剂150～170g，每667m^2兑水15～20kg，然后混配在一起，再加入液量0.3%的尿素，充分溶化后，对杂草茎叶喷雾进行防除，燕麦拔节前补防；马铃薯作物带，在马铃薯苗高8cm以上时，人工除草或机械除草。

3.3　**追肥**　马铃薯追肥在块茎形成期结合中耕培土追施氮肥一次，施用量每667m^2 5～8kg。燕麦拔节开沟追施氮肥，每667m^2施用量4～6kg。

3.4　**中耕除草、培土**　马铃薯齐苗后进行第一次中耕，深度8～10cm，提倡与除草配合进行，现蕾期进行第二次中耕，深度5～7cm，同时进行植株培土。燕麦在封垄前进行中耕除草。

3.5　**病虫害防治**　以选用抗病良种和轮作倒茬农业防治为基础，充分采用生物防治措施，按照病虫草害类型及发生的规律进行药剂防治，使用化学药剂防治应按照GB 4285农药安全使用标准的要求选择药剂和施用量（表8-1）。

4. 收获

4.1　**收获方式**　人工收获或机械收获。

4.2　**收获时期**　燕麦人工收获的时期为蜡熟末期，联合收割机收获的时期为蜡熟末期至完熟初期；马铃薯在植株地上部茎叶枯黄，耕地表土未冻以前收获。

4.3　**留茬高度**　燕麦可采用联合收割机、割晒机或人工刈割收获，留茬高度15～25cm，提倡配合燕麦残茬覆盖，用联合收割机收获时将秸秆粉碎后直接均匀抛撒地表。

4.4 **采收** 燕麦收获后应及时脱粒晾晒，薄摊勤翻，晾晒至籽粒含水量低于13%时聚堆入仓。马铃薯人工挖起或是用收薯机机械收获，应及时挑出表皮损伤的薯块，然后将好薯入窖贮藏，贮藏量不超过窖体的2/3。

二、病虫害防治技术

马铃薯与燕麦带状留茬间作病虫害防治技术见表8-1。

表8-1 马铃薯与燕麦带状留茬间作病虫害防治技术

类型	病虫害名称	农药名称	剂型	常用药量每667m² g（ml）/（次）	施药方法	最多施药次数（每季作物）	安全间隔期（d）
虫害	燕麦黏虫	来福灵	6%乳油	10ml	喷雾	3	≥3
	燕麦蚜螬\蓟马蚜虫	氯氰菊酯	10%乳油	20ml	喷雾	3	≥6
	马铃薯蛴螬、金针虫、地老虎	辛硫磷	50%乳油	600ml	浇施灌根	2	≥10
	马铃薯蚜虫	抗蚜威	50%可湿性粉剂	10g	喷雾	3	≥11
		吡虫啉	10%可湿性粉剂	20ml	喷雾	1	·7～10
病害	燕麦黑穗病，红叶病，秆锈病	甲基托布津	70%可湿性粉剂	50g	喷雾	2	10
	马铃薯青枯病	络氨铜	25%水剂	30g	喷雾	2～3	≥10
		琥胶肥酸铜	30%悬浮剂	150ml	喷雾	4	≥3
	马铃薯早疫病	百菌清	75%可湿性粉剂	100g	喷雾	3	≥11
	马铃薯晚疫病	甲霜灵	68%可湿性粉剂	76g	喷雾	3	≥1
	马铃薯病毒病	植病灵	1.5%乳剂	50g	喷雾	2～3	7～10
		菌毒清	5%水剂	75kg	喷雾	2～3	≥10

第二节　等高免耕留高茬集雨防蚀耕作技术规程

一、规　　划

①以单个山丘为单元，应按顶部、中部和下部三段梯田区分别规划，对确定的每段梯田区应从中部开始设计，采用坡式梯田测量方法。梯田防御暴雨标准，可采用 10 年一遇 24h 最大降雨量。

②根据地面坡度、降雨量和降雨强度情况确定渐成式等高梯田的地边埂断面和间距，然后沿等高线筑地边埂，逐年减缓田面坡度变成水平梯田。

③应设置从坡脚到坡顶、从村庄到田间的道路，路面一般 2～3m 宽，比降不超过 15%。

④梯田区不能全部拦蓄暴雨径流的地方应布置相应的排蓄工程，在山丘上部有地表径流进入梯田区处应布置截水沟等小型蓄排工程，技术应按 GB/T 16453.4 执行。

二、设　　计

①渐成式等高梯田的断面尺寸应根据拦蓄暴雨和泥沙计算确定，并便利当地机械耕作进行适当调整，不同坡度的参考数值见表 8-2。（坡面径流泥沙计算，参见 GB/T 16453.4 执行）

表 8-2　丘陵坡地渐成式等高田的设计

田间坡地（°）	田埂高度（cm）	田面净宽（m）
3～5	50～60	15～12
5～10	60	12～8.4
10～15	60	8.4～6.0

②等高梯田的田埂应成光滑曲线，顶宽 30～40cm，外坡 1∶0.5，内坡 1∶1。

③等高田田埂定线，应根据田面斜宽与田面上下两端大致相等划一中线，采用水平仪等仪器进行等高点测量，把中线两边等高点连成光滑曲线，作为中部田埂的施工线，其他各条施工线，应按照设计田面宽度，分别向上、向下等距划出确定，定线过程遇局部地形复杂处应根据大弯就势小弯取直原则处理。相邻两条施工线高程差在 1m 以内。

三、施　　工

①地边埂施工包括定线、清基、筑埂、保留清基表土、表土回填等五道工序。田埂施工应根据梯田规划间距划出的田埂施工线进行，筑埂过程中保持田面等宽，遇侵蚀浅沟应从内侧加宽培厚。

②田埂清基范围应以田埂底宽确定，在田埂底宽范围以内及田埂底宽下方 50～100cm 范围内清除田面的 20～30cm 耕层土壤，应暂时堆在清基线下方取土筑埂范围以外保留。

③修筑田埂用土方应从田埂下方 50～100cm 清基后的生土取出，开沟取土，填筑土中不能夹有石砾、树根、草皮等杂物，修筑时应分层夯实。田埂顶应保持水平。

④把清基线范围内表土回填在取土沟内，田坎夯实田面修平。

⑤修平田面，用翻转犁和山地犁沿等高梯田的田埂从坡顶向坡下一个方向耕作，深度 15～20cm，应多年连续耕翻直至田面平整。

四、管　　理

①每年应从田埂下方取土加高田埂保持有足够的拦蓄容量，并夯实拍光。每次大暴雨后应对梯田区进行检查，发现被冲垮的田埂或穿洞等损毁现象及时进行补修。

②修建梯田过程中，应结合播种和施肥措施，每年进行定向耕作 1～2 次，耕作深度保持在 15～20cm。雨后田面产生不均匀沉陷

或浅沟，作物收割后应取土填平。

③每年应配合定向耕作按照平衡施肥技术要求，大量施用腐熟的有机肥和化肥，在修建田埂时挖土的部位施肥量较一般施肥量高一倍以上。种植作物应增施复混肥料和中微量营养元素，作物收获后宜采用留高茬。

④新修梯田部分，第1～3年种植的作物应选种需要每年进行土壤耕作的豆类、马铃薯、绿肥作物和豆科牧草，种植方式见表8-3。

表8-3　建设渐成式等高田的种植计划

田面坡度（°）	第一年	第二年	第三年
3～6	马铃薯或豆类	杂粮	马铃薯
6～9	马铃薯或豆类	杂粮或绿肥	马铃薯
9～12	马铃薯或豆类	绿肥	杂粮
12～15	绿肥	马铃薯或豆类	杂粮

⑤护埂草坡，在修筑好的田埂上，均匀散播草种，用回填土覆盖3～5cm压实。田埂宜种植多年生牧草或选种对田面作物生长影响小的小灌木。

⑥施工取土部位应选择种植葵花、马铃薯、南瓜和豆类等适宜点种或穴播的作物。

五、等高免耕留高茬集雨防蚀耕作技术

1. 定向耕作技术

定向耕翻是等高田建设的核心技术。用双向犁沿田埂向下坡向翻土。每次使外缘增高15～20cm，内缘降低15～20cm，高差减少30～40cm。如初建带内高差控制在1m以内，每年一次，只需三年定向耕翻就可整平。采用连续多年从坡上向坡下定向耕翻的方法，经3～4年自然形成平地，耕层的生土也随着逐步熟化使活土层明显加厚，犁底层和钙积层等障碍层也有所打破，建成当年就能增

产，3 年内持续增产。

表 8－4　3°～15°坡地定向耕翻降低坡度和生土比例的作用

耕作次数	降低坡度		掺进耕层的生土比例	
	当年	累计	当年	累计
1	1.4～2.2	1.4～2.2	8.8～9.7	8.8～9.7
2	1.5～7.7	2.9～4.9	16.1～15.6	24.9～25.3
3	0.8～3.6	3.7～13.5	31.3～32.1	56.2～57.4

注：$\alpha_n = arctg（2H-2n \times 0.15）/D$，$\alpha_n$ 为耕翻后坡度，n 为耕作次数，耕深 0.15m。

按照耕作深度 20cm 且小四轮拖拉机带动方便的要求，设计制作出旋转双铧犁，并提出相应的配套技术集成和作业流程，有效促进了定向耕作技术的普及应用。定向耕翻使耕层，特别是 15cm 以下土壤厚度及松紧度发生很大变化，比顺坡或横坡种植的容重降低 0.02～0.05 g/cm^3，土壤紧实度也明显减小。由于打破犁底层有利于水分下渗，深层土壤蓄水能力增强，而坡耕地在 15～30cm 存在明显犁底层（表 8－4，表 8－5）。

表 8－5　定向耕作与传统耕作比较 0～100cm 土层蓄水量的变化

土层深（cm）	传统耕作（mm）	定向耕作（mm）	多蓄降水（mm）
0～5	18.0	17.2	－0.8
5～10	17.7	17.2	－0.5
10～20	18.3	17.0	－1.3
20～30	19.5	22.0	2.5
30～40	23.4	27.5	4.1
40～60	21.6	27.3	5.7
60～80	20.4	25.0	4.6
80～100	17.4	20.8	3.4

2. 定向培肥技术

针对等高田建设要逐年定向耕作所带来的生土熟化问题，建设等高田初期需要配合定向耕作进行 2～3 年的定向培肥，主要是增每 $667m^2$ 施有机肥 200～3 000kg，并在轮作周期中多安排马铃薯等适宜增施有机肥的作物，进行土壤熟化层培育，在逐年平整土地的过程中实现定向培肥，加快生土熟化，保障等高田土壤肥力水平不断提升。

3. 免耕留茬覆盖种植技术

在已建成的渐进式等高田上或坡度较小的地块上，选择适宜密植与留高茬的燕麦、小麦、谷子、糜黍及油菜等作物。在秋季用联合收割机或割晒机收割作物，割茬高度控制在 20～30cm，将秸秆覆盖地表更佳。春季再用免耕播种沿等高线种植燕麦、小麦、谷子、糜黍、油菜等密植作物。

第三节　留高茬深松免耕蓄水保墒耕作技术规程

一、制定技术规程的目的、意义与必要性

内蒙古典型的大陆性干旱气候是造成干旱的根本原因。水分通过径流和蒸发而严重损失，更使这一问题加剧。内蒙古降雨多集中在秋季，且这期间的降雨多为暴雨，极易造成水土流失，给农业的持续发展造成不可估量的危害。采取深松蓄水保墒耕作方式，特别是深松覆盖和留高茬免耕等技术可以极大地贮存休闲期的降雨，充分利用土壤水库蓄纳降水和减少土壤水分的非生产性损失。同时，保护性耕作有秸秆覆盖，可以减少土壤水分的无效蒸发。另一方面免耕覆盖较好地维持了土壤的结构，增加了土壤的通透性，可以大量减少径流的产生次数和径流中的沉淀样，较好地维持土壤肥力，从而达到减少农业环境的面源污染、降低农业生产成本、提高农业水肥利用率和单位水量肥料的农产品产出率和农产品品质的目的。

二、国内外生产技术状况及规程制定的依据

实施保护性耕作技术初期一般离不开机械作业，在北方高寒干旱地区主要适宜采用深松或隔年深松处理，既可疏松土壤，又可除草，遇墒情较差时（土壤含水率小于10%）尽量避免使用浅旋处理。鉴于目前尚没有旱作深松的国家标准及行业标准，为了更好地规范区域旱作农业的生产，制定农牧交错带半干旱风沙区深松蓄水保墒耕作技术规程十分必要。

三、留高茬深松免耕蓄水保墒耕作技术规程

1. 农田深松机械作业技术规范

1.1 **范围** 本技术规范适用于拖拉机悬挂的凿型铲深松机和全方位深松机。

1.2 **作业条件** 适宜深松作业的土壤为黑、栗、灰、棕钙土。

耕作层小于18cm、耕作层以下为沙层的地块不宜进行深松作业。

土壤容重大于1.26g/cm^3时或耕层下犁底层较厚的耕地。

含水量在15%～22%的土壤宜深松。

地表覆盖物小于50%、根茬低于30cm的耕地。

1.3 **作业技术要求** 深松间隔：麦类40～80cm；玉米应与当地玉米种植行距相同，若玉米种植的模式为大小垄距，即宽行95～100cm，窄行40～45cm，应在雨季前的宽行进行深松，宽度为70cm。

深松深度：根据土壤容重和犁底层厚度确定，一般为25～35cm为宜，若深松深度超过30cm，应采用凿式深松机。

深松时间：干旱、风蚀严重的地区，应在秋季收获后很快深松；墒情好、又有灌溉条件的地区，可播前深松。

作业周期：多年形成犁底层的地块应当年深松，土壤容重大于1.3g/cm^3以上的黏重土壤，可隔年深松；土壤容重小于1.3g/cm^3的壤性土壤，视土壤板结情况2～4年深松一次。

配套措施：天气过于干旱时，可进行造墒。

深松要一致，不得有重松或漏松。

深松后地表平坦松碎，无隔墙或隔墙小于 3～5cm。

土壤板结的地块深松后要及时镇压。

2. 深松机作业技术规程

2.1　**深松机的构造与调整**

2.1.1　**深松机的构造**　凿铲式深松机 包括机架、连接卡、合缝轮、深松铲（包括铲柄和铲尖）等部件。

翼铲式深松机 包括机架、连接卡、合缝轮、可调翼深松铲（包括铲柄、铲尖和可调翼）等部件。

全方位深松机 包括主梁、连接板、限深轮、V 型组合深松铲等部件。

2.1.2　**深松机的调整**　调节拖拉机悬挂拉杆使机具呈水平状态，保证深松铲有一定的入土角。

调节限深轮，使机具保持一定的入土深度。

2.2　**深松机的使用与作业要求**　深松应该在土壤的孔隙度和容重确实不能保证作物生长的情况下进行，不一定要年年深松，一般为 2～4 年深松一次。

深松机在作业中要直线行驶，不准倒退；换行时，要保证邻接行一致；深松到地头时，要将机具升起后方可转弯。

深松的方法可根据土壤、墒情、作物情况，合理选择深松的方法，按技术要求保证作业质量。以下介绍局部深松和全方位深松的主要技术要求。

2.2.1　**局部深松**　采用凿铲式或翼铲式深松机作业。主要技术要求是：土壤含水率在 15%～25%；深松间隔为 40～80cm；深松深度为 23～30cm；深松时间为收获后播种前；深松周期一般为 2～4 年深松一次。

2.2.2　**全方位深松**　采用 V 形全方位深松机，根据不同的作物、不同的土壤条件进行相应的深松作业。主要技术要求是：土壤含水率在 15%～22%；深松深度为 35～50cm；深松时间在收获后播种前；深松周期一般为 2～4 年深松一次。

第九章　砂田作物栽培技术规程

针对宁夏压砂地产业中存在的作物结构单一、连作障碍明显等问题，2007—2009 年，在砂田中引进了蔬菜类（辣椒、黄瓜、番茄、茄子），豆类（绿豆、花豆、豌豆），瓜类（甜瓜、南瓜、西葫芦），蓖麻、芝麻等共 17 种作物 28 个品种进行了适应性筛选试验，结果表明：辣椒在有限补灌条件下（补灌量每 667m^2 15～20 m^3）水分利用效率高、光合效率高、产量和经济效益高，是适合于有限补灌条件下和西瓜进行轮作倒茬的砂田新型适生作物。绿豆等豆类作物抗旱性好，水分利用效率高，经济效益较高，适合在退化肥力较低的中老砂田和无补灌条件下砂田种植。油葵抗旱、耐旱性好，水分利用率高，产值较高，适合中老砂田种植。芝麻适合在积温条件较高的中宁东南部砂田种植，西葫芦、南瓜等作物也可根据市场行情适当种植。

第一节　砂田瓜类种植技术

一、压砂地穴覆膜和条覆膜西瓜种植技术

1. 选地、整地、压砂

压砂地宜选土地比较平坦或坡度较缓的耕地。铺压砂石时间冬季土地冻结至翌春解冻前为宜。压砂前，结合秋季深翻施入底肥每 667m^2 5 000kg（以腐熟的土圈肥、羊圈肥为主）；之后耙耱整地，将耕地原有坑、穴、脊整平压实，冻结后开始铺砂。压砂石选用粒径不超过 5cm（片状砂不超过 10cm）的砂石和颗粒较大的粗砂混合为主，比例为 4∶6 或 3∶7。砂层厚度 10～15cm。

2. 品种选择与布局

2.1　**品种选择**　以受市场欢迎的抗病、抗旱、优质、丰产、

耐贮运、商品性好的品种为主。西瓜主栽品种以金城 5 号、抗 8 号为主，搭配品种有新一号、鲁青 1 号 B 无籽西瓜、黑美人、新金兰等品种。

2.2　**品种布局**　品种布局要中、晚熟品种搭配、精品与一般西瓜搭配、大型西瓜与中小型西瓜搭配，以求多方位、多渠道占领市场。

3. 茬口安排与施肥

西瓜种植严禁重茬，但山区特殊的气候条件和极其有限的降水资源（年均降水量仅为 180mm），决定了压砂地生产只能是连年重茬种植。而不同西瓜品种抗重茬病害能力存在较大的差异性，因此，根据压砂地使用年限，合理安排选用适宜的西瓜品种，可大大减轻重茬病害发病率，并减少农药使用次数，节省生产用工，提高西瓜品质和产量。一般黑美人、新金兰等西瓜品种抗病性较差，宜选择新压砂地种植；金城 5 号、抗 8 号、无籽西瓜在土壤墒情允许的条件下，新老砂地都宜选择种植。砂地选定之后，进行秋耕，耕深 22～33cm，最后一次耕地前，施入优质农家肥每 667m^2 2 000kg 或生物有机肥料每 667m^2 100kg。未进行秋施肥的田块，翌年 3、4 月春条施腐熟农家肥每 667m^2 1 000kg 或生物有机肥每 667m^2 100kg。整地时注意不要翻动砂石下土层，以免造成土砂混合。

4. 种子处理

4.1　**消毒处理**　播种前对种子消毒处理，减轻病菌的侵入与危害。

4.1.1　**温汤浸种法**　用冷水浸没种子，然后倒热开水，并顺着一个方向不断搅拌约 10min 左右，当水温降至 30℃时，停止搅拌，进行浸种 6～8h，可有效杀死西瓜种子表皮所带病菌。

4.1.2　**高锰酸钾消毒法**　播种前种子用 100 倍高锰酸钾溶液浸种 8～10h，可防治西瓜苗期枯萎病、立枯病等病害。

4.1.3　**福尔马林法**　用 200 倍液的福尔马林浸种 20～30min，可有效杀死种子表皮所有病菌。

4.2　**种子催芽**　种子（常规杂交西瓜种子）消毒后洗去黏液，

浸泡4～6h，捞出洗净，置于28～32℃的环境下，保温保湿进行催芽，种子扭嘴吐白（芽根长0.5mm）为宜。无籽西瓜种子浸泡6～8h，用牙齿或钳破一小口，然后置于33～35℃的环境进行催芽。

5. 播种

5.1 **播期选择** 根据气象条件和品种特性选择适宜的播期，压砂地覆膜种植播种时间选择地温（10cm的土温）稳定15℃以上播种为宜。压砂西瓜条覆膜直播种植一般在4月10日前后；穴覆膜直播种植一般在4月20日前后。

5.2 **播种密度** 黑美人、新金兰等中熟品种西瓜以每667m^2 300～350株为宜；金城5号、抗8号、无籽西瓜（鲁青一号B、新一号）大果型西瓜以每667m^2 220株～250株为宜。

5.3 **注意事项** 下种后，种子表面要覆盖潮湿细土，金城5号等大粒种子覆土要厚些（1.5cm左右），黑美人等小粒种子覆土稍薄些（1.0cm左右），然后覆盖2～3cm细沙。下种采用1—2—1（粒）的挖穴错位、整行覆膜的种植方式，或小膜覆盖的种植方式。

6. 田间管理和病虫害防治

6.1 **及时放苗补苗** 三至四片真叶时及时放苗，防止瓜苗徒长与烧苗。同时，根据天气情况，适当炼苗。在天气晴好时，白天将薄膜或塑料盖碗，用小石片支起进行通风。对个别缺苗现象，及时催芽补种或育苗移栽，并及时间苗。

无籽西瓜顶土出苗时，若发生子叶脱壳困难现象，要人工辅助剥壳出苗，以防壳卡苗。

6.2 **及时防治苗期病害，并视幼苗长势补充水分和养分** 西瓜幼苗期，枯萎病会不同程度的发生，要及时药剂灌根，并进行水、养分的补充。

6.2.1 **苗期补充水、养分** 根据绿色食品生产要求，推荐使用的叶面肥有磷酸二氢钾、威克多（含腐殖酸可溶性肥料）、氨基酸水溶液。

6.2.2 **枯萎病防治** 病害防治与水、养分的补充可采用混合使用、连喷带灌的方式。可选用以下具体方法：

6.2.2.1　**药剂灌根法**　在发病初期，每 667m² 用 70%甲基托布津（甲基硫菌灵）可湿性粉剂 30g，或 45%代森铵水剂 45g 根际浇灌。

6.2.2.2　**茎基部涂抹法**　每 667m² 用 70%敌磺钠可溶性粉剂 200g 或 50%多菌灵可湿性粉剂 80g（发病较轻）加面粉调成糊状，涂于病株基部。

6.2.2.3　**药剂喷施法**　4%农抗 120 水剂（每 667m² 30ml）＋生态有机肥（每 667m² 80g）＋每 667m² 水 15kg。

6.3　**中耕除草、追肥。**

6.4　**团棵至伸蔓期，加强水、养分的补充，早防瓜蚜病害**
团棵至伸蔓期，是西瓜营养生长最旺盛的时期。此阶段，西瓜对水、养分的需求量较大，要及时中耕除草，并结合抗旱营养液（氨基酸水溶液）进行叶面喷施。同时，对瓜蚜虫害要早防早治，瓜蚜虫害采取物理防治、生物防治、化学防治综合防治法，但原则上以物理防治、生物防治为主。

6.4.1　**瓜蚜物理防治方法**　A、悬挂银灰色地膜条带避蚜或张挂黄色诱虫板杀虫；B、田边种植驱避作物驱蚜，如在田边种植蓖麻可起到驱避蚜虫的作用；C、人工灭杀。勤检查，早发现，当个别叶子、个别植株发生时，人工摘除虫叶，拔除虫株。

6.4.2　**瓜蚜生物防治方法**　利用天敌——七星瓢虫进行防治，七星瓢虫以蚜虫为食，是瓜蚜的天敌。在瓜蚜刚发生时，适时放飞一定数量的七星瓢虫，可以起到很好的防治效果；或在瓜田四周适当种植一些小麦、豌豆等瓢虫寄主，招引瓢虫，消灭蚜虫。

6.4.3　**化学药剂防治法**　用 0.3%苦参碱水剂每 667m² 50g 防治瓜蚜。

6.5　**始坐瓜至膨瓜期的水肥管理和病虫害防治**　西瓜开花期至坐瓜期要适当控制水分，促进坐果。当幼果（鸡蛋大小）坐稳，至定个期时，水分养分需求达到高峰，此阶段，要加强水、养分的补充，以促进瓜体迅速膨大。

6.5.1　**水、养分的补充**　采用叶面喷施或穴滴灌方式进行

6.5.2 **病害防治** 此阶段因高温多雨空气湿度较大，蔓枯病、炭疽病、枯萎病害发生较严重，要早预防、早防治。

蔓枯病、炭疽病、枯萎病防治方法：与苗期防治方法基本相同，但要求一种农药在同一生长周期只能使用一次。

7. 适时采摘

压砂地西、甜瓜以外销为主，在成熟至八成时，就可采摘。在采摘前 20d 内严禁喷洒各种防病防虫农药。

同一生长周期，绿色食品生产允许限量使用的高效低残留化学药剂一种农药只能使用一次，使用浓度和间隔期限严格按照操作规程要求进行。并且，生长周期严禁一切植物生长调节剂的使用（图 9－1）。

图 9－1 砂田条覆膜西瓜

二、砂田西瓜间作栽培技术

砂田西瓜＋辣椒、绿豆、芝麻在不影响西瓜生产的同时，多收一茬间作作物，增加收入，提高土地利用和水分利用效率。间作时，西瓜种植同一般砂田，选用品种为金城 5 号，行距 2m，株距 1m，每 $667m^2$ 留苗 200 株左右。西瓜行间种绿豆 1～2 行，离西瓜行 0.5m 种 1 行，株距 30cm，每 $667m^2$ 2 000 株亩。其他管理同一般砂田西瓜和绿豆种植。

带状轮茬时，在保持西瓜带不变（3 行，行距 2m，株距 1～

2m）时，辣椒种植8行（行距50cm，株距40～50cm）、芝麻种植8行（行距50cm，株距20～30cm）、绿豆2～4行（行距50cm，株距30～40cm）。在间作作物（辣椒、绿豆、花豆）行不变（6行，行距50cm，株距一般为30～40cm）下，西瓜种植6行（行距2m，株距1～2m）。在保证西瓜种植密度不减少或略减少情况下，增收了一茬其他作物，并且实现了年间的带状轮茬。

辣椒、豆类等可以和西瓜倒茬，结合错穴种植，在带状种植条件下，3～4年倒茬一次（图9-2）。

图9-2　砂田西瓜间作绿豆、辣椒、芝麻和茄子

三、砂田小南瓜栽培技术

1. 选茬

选择肥力中上等、土壤墒情好的田块，前茬以豆类、辣椒或禾本科作物为宜。

2. 施用底肥

底肥以有机肥为主，无机肥为辅。采用机施或耧施，每 667m^2 施生物有机肥 50～100kg，配合施用磷酸二铵 5kg，尿素 5kg。

3. 品种选择

3.1 **食用南瓜** 品种主要有金红南瓜、南瓜一品等。

3.2 **籽用南瓜** 品种主要有金苹果（武威）、内蒙古大片圆、铁瓜 5 号、平凉大板等。

4. 种子处理

南瓜既可直播，又可育苗移栽。

4.1 **浸种催芽** 将种子放入 50℃左右的温水中，浸种 10～15min，并不断搅拌，待水温降至 30℃时停止搅拌，继续浸泡 8～10h，捞出沥干种子表皮明水后用湿毛巾包好，置于 28～30℃的条件下催芽 14～48h，待大部分种子发芽后，及时播种。

4.2 **穴盘育苗** 压砂地南瓜可于 3 月中下旬采用温室化穴盘基质育苗。

5. 播种和定植

5.1 **育苗移栽** 5 月上旬晚霜后，选择晴天下午，或半阴天进行定植。必须坐水栽苗，顺序是：挖穴→栽苗→覆细土于苗坨周围→压实土壤→覆砂 3cm 左右→灌足缓苗水（3L/穴）。灌溉水质应符合 GB5084 规定。

5.2 **直播** 压砂地南瓜应于晚霜后尽早播种，最迟不超过 5 月 10 日。刨开地面砂层，按株行距要求，在土层上挖直径、深度各为 1～2cm 的播种穴，在穴内点播催芽种子 2～3 粒，播后覆土，土上再覆1～2cm 厚的细砂。如果土壤墒情较差，可在播种前于穴内适量补水，以利出苗，灌溉水质应符合 GB5084 规定。播种后，及时覆盖地膜，膜宽 80cm，单行覆膜。

6. 栽培密度

6.1 **食用南瓜** 株距 100cm，行距 200cm，每 667m^2 栽植 330 株左右。

6.2 **籽用南瓜** 株距 100cm，行距 100cm，每 667m^2 栽植

660株左右。

7. 田间管理

7.1　**查苗补苗及破膜**　播种或移栽后及时查苗，发现缺苗，立即补种（栽），保证全苗。覆膜瓜苗顶膜后破膜放风，将瓜苗放出膜外，防止高温危害，并用细砂土封好膜口。南瓜长到3片叶时每穴选留生长健壮的幼苗1株。

7.2　**耖砂除草**　定苗期、伸蔓前各耖砂1次，除草蓄墒。

7.3　**追肥与补灌**　幼瓜坐稳后，食用每667m^{2}南瓜补水2～3m^3，并追施尿素5kg/亩；籽用南瓜每667m^{2}补水5m^3，并追施尿素2～3kg；均采用穴施（灌）。灌溉水质应符合GB5084的规定。

7.4　植株调整

籽用南瓜：采用单蔓整枝，每株只留1个主蔓，侧蔓全部去除。

食用南瓜：采用双蔓整枝，每株留主蔓和1条健壮的侧蔓，选留侧蔓越早越好。

7.5　**留瓜**　去掉主根瓜。食用南瓜主蔓8～13节间留第1果，间隔6叶留第2果，侧蔓6～8叶留果；籽用南瓜5～6节间留第1果，间隔5～6叶留第2果。

7.6　**人工辅助授粉**　开花期每天上午8～10时，将当天开放散粉的雄花采下，取掉花冠，将花粉轻轻涂于雌花柱头上，1朵雄花可授2～5朵雌花。也可收集花粉，装在纱布袋内，敲落在雌花柱头上，或用毛笔涂抹。

7.7　**果期管理**　膨瓜期用片石将瓜垫起。食用南瓜生长后期光照过强，用青草或瓜叶等为瓜遮阴避免瓜面发生日灼。籽用南瓜如遇多雨季节，把瓜上的瓜叶折断，让瓜露出；在瓜子半成熟期，将瓜翻个；并用0.5%尿素水溶液或磷酸二氢钾每667m^2 1kg喷雾1次，以提高成熟度，增加产量。

8. 病虫害防治技术

压砂地南瓜病虫害主要有：白粉病、斑点病、病毒病和蚜虫。

白粉病用12%的石硫合剂晶体300倍液喷雾防治。

斑点病用70%的甲基托布津可湿性粉剂800倍液或75%的百菌清可湿性粉剂800倍液进行喷雾防治。

病毒病用50%的菌毒清水剂400倍液进行喷雾防治。

蚜虫可用抗蚜威进行喷雾防治，也可用黄板诱杀。

9. 适时采收

9.1　**食用南瓜**　授粉后40d左右，果柄处明显发生网状龟裂时，即可采收。采收时留果柄1cm。

9.2　**籽用南瓜**　当田间80%的瓜达到老熟程度（橘红色、瓜皮厚而硬）、瓜蔓开始枯萎时进行收获，收回的瓜放在向阳干燥处充分后熟20d后，破瓜掏籽、清洗、晒干、贮藏（图9-3）。

图9-3　砂田小南瓜

第二节　砂田辣椒栽培技术

直播栽培技术

1. 选茬

选择土层深厚、肥力中上等、上年秋季耖地收墒保墒好、底墒充足的田块，前茬以西瓜、甜瓜为宜。

2. 施用底肥

底肥以有机肥为主，无机肥为辅。采用机施或耧施，每亩施生物有机肥 100～150kg，配合施用磷酸二铵 10kg、尿素 5kg。

3. 防治地下害虫

在播种或移栽时每亩用 40％辛硫磷乳油 0.1kg，加细沙土或细土 25kg 拌匀撒施在播种穴内防治地老虎、蛴螬等地下害虫。

4. 选用良种

宜选择抗病性强、耐旱耐瘠的中早熟品种，适于砂田种植的辣椒品种主要有保加利亚椒、中椒 22 号、陇椒 2 号、长剑等。

5. 种子处理

砂田辣椒既可直播，又可育苗移栽。

5.1　**浸种催芽**　将种子放入 55℃左右的温水中，浸种 10～15min，并不断搅拌，待水温降至 30℃时停止搅拌，继续浸泡 24h，捞出后在 20～30℃条件下催芽，每天用 25℃左右温水将种子淘洗一遍，过 5～7d 后待 70％～80％种子露白即可播种。

5.2　**穴盘育苗**　压砂地辣椒可于 3 月中下旬采用温室化穴盘基质育苗。

6. 播种和定植

6.1　**直播**

6.1.1　**播期**　播期应根据当地晚霜期结束时间确定，4 月中下旬 5cm 土层温度稳定达到 12℃时即可播种。地膜覆盖栽培比露地栽培提早 7d 播种。

6.1.2　**株行距**　株距 60cm，行距 50cm，每亩种植 2 200 穴。

6.1.3　**播种方法**　刨开地面砂层，按株行距要求，在土层上挖直径、深度各为1～2cm 的播种穴，在穴内点播催芽种子 2～3 粒，播后覆土，土上再覆 1～2cm 厚的细砂。如果土壤墒情较差，可在播种前于穴内适量补水，以利出苗，灌溉水质应符合 GB5084 规定。

6.1.4　**覆膜**　采用 90cm 宽地膜，双垄覆盖。

6.2　**育苗定植**　在辣椒幼苗达 5～6 片叶，5 月中下旬，外界气温稳定达 10℃以上时即可进行定植，定植前按株行距（同直播）开穴，用铁铲将覆砂层扒开至土层，将辣椒苗栽入穴内，每穴 1～

2株，压紧周围土壤，穴内覆 2～3cm 厚的细砂，并灌足水分（2L/穴），灌溉水质应符合 GB5084 规定。

7. 田间管理

7.1 **苗期管理**

7.1.1 **直播辣椒** 辣椒出苗后，田间管理应以促根多、根深、苗齐、苗壮为目标。地膜辣椒注意及时破膜放苗，宜先放大苗，缓放小苗、弱苗，边放苗、边用细砂将膜口封严，以免蒸汽外泄而灼伤幼苗，或引起降低地温、跑墒；结合破膜放苗，及时查苗补种。

7.1.2 **移栽辣椒** 移栽后1周内于定植穴内松砂并回填砂石，及时查苗补苗。

7.2 **补水追肥** 压砂地辣椒于6月下旬～7月上旬进入结果期需补水1次，每 667m^2 5～6m^3（每穴 2.5～3L），补水水质应符合 GB5084 规定；并结合追肥，每 667m^2 施尿素 8～10kg（每穴 5g 左右），在距植株 5～6cm 处穴施。

7.3 **病虫害防治** 根据病虫害的预测预报，及时掌握病虫害的发生动态。辣椒疫病发病初期可选用 96%硫酸铜 800 倍液或 72.2%普力克水剂600～800 倍液喷施植株并灌根，药液用量为每 667m^2 100kg，防治蚜虫、白粉虱可选喷 2.5%溴氰菊酯乳油 2 000～3 000 倍液、20%速灭杀丁乳油 1 500～2 000 倍液。防治辣椒病虫害时严禁使用高毒高残留农药，每种药剂在生长期只能使用1次。

8. 采收及采后处理

8.1 **采收** 果实变硬后即为适宜采收期，在8月初，根据市场需求和辣椒商品成熟度分批及时采收。采收要做到勤收、轻收，及时采收有利于后期结果。

8.2 **采后处理** 采后剔除病、虫、伤果，有泥沙的要清洗，达到感观洁净，并清洁田园（图 9－4）。

图 9-4　砂田辣椒

第三节　砂田其他作物栽培技术

一、芝麻高产栽培技术

芝麻是适合温度较高的中宁白马等地砂田种植的经济效益较高的作物，主要栽培技术如下：

1. 选茬

芝麻对地力要求不严，各种类型砂田均可种植，但要求底墒较好。芝麻忌重茬，提倡 4 年两头种的轮作制度。

2. 施用底肥

底肥以有机肥为主，无机肥为辅。采用机施或耧施，每亩施生物有机肥 50kg，配合施用磷酸二铵 5～10kg，尿素 5kg。

3. 药剂拌种

播种前用多菌灵可湿性粉剂或 40％多菌灵胶悬剂每 667m^2 5g，加水调成糊状，与种子拌匀，晾干后播种，防治土传病害。

4. 播种

采用耧播或机播，于 5 月上旬播种，用种量每 667m^2 0.5～1kg，行距 60cm。

5. 田间管理

5.1　查苗补种　芝麻出苗后，及时查苗，如出现缺苗，及时补种。

5.2 间苗定苗 芝麻长出 4～6 片叶时按株距 30cm 进行间、定苗，每 667m^2 留苗3 000～3 500 株。

5.3 **耖砂除草** 结合间、定苗进行第 1 次耖砂除草；开花初期，进行第 2 次耖砂除草。

5.4 **补水追肥** 有补灌条件地区，芝麻始花期人工补水每 667m^2 5m^3，灌溉水质应符合 GB5084 规定；并追尿素 5kg，盛花后期用 0.5％磷酸二氢钾溶液叶面喷肥 1 次。

5.5 **病虫害防治** 在拔节期用 50％扑海因 1 000 倍液或 50％甲基托布津 700 倍液喷洒叶片，防治芝麻角枯病或叶枯病；防治蚜虫可用 20％速灭杀丁乳油 1 500～2 000 倍液喷雾防治。

6. 收获

大部分叶片枯黄，脱落 2/3 以上、蒴果呈黄褐色、下部已有部分开裂、上部蒴果微黄时及时收获，尽量抢在早期霜冻之前收割（图 9－5）。

图 9－5 砂田芝麻

二、绿豆栽培技术

1. 选茬

绿豆抗旱、耐瘠薄，对土壤要求不严，旱薄地、坡岗地都能种植，以中等肥力的地块为好。

2. 施肥

底肥以有机肥为主，无机肥为辅。采用机施或耧施于播前一次性施入土壤，每亩施生物有机肥 50kg，配合施用磷酸二铵 5kg，硫酸钾 5kg。

3. 选用优良品种

适于压砂地栽培的绿豆品种有绿珍珠、绿丰收等地方品种。

4. 播种

采用耧播、条播或穴播，于 4 月中下旬至 5 月上旬播种，播量每 667m^2 0.5kg，播入土层 1～2cm，行距 100cm。

5. 间苗定苗

3 片叶间苗，5 片叶定苗，株距 30cm，每 667m^2 留苗 2 200 株左右。

6. 病虫害防治

绿豆的主要病害有：根腐病、病毒病、黄叶病。对根腐病发病初期，用黄腐酸盐 40g 兑水 40kg，或用杀菌壮 600～800 倍液叶面喷施。虫害主要有要蚜虫、红蜘蛛、豆椿象、豆荚螟等，喷豆虫清 600～800 倍液防治，而且可有效防治病毒病、黄叶病。防治绿豆病虫害时严禁使用高毒高残留农药，每种药剂在生长期只能使用 1 次。

7. 收获

豆荚有 2/3 以上变黑时用刀割收获，为防止砂土混合，不应连根拔出（图 9－6）。

图 9－6 砂田绿豆

三、砂田向日葵栽培技术

向日葵是一种耐瘠薄、抗盐碱抗干旱的作物，除沼泽土、重砂质土和石灰质土外，均可种植，特别适合于中老砂田种植。

1. 选茬

向日葵抗旱、耐瘠性强，对地力与前茬要求不严，各类砂田均可种植，在中老砂田中比西瓜、甜瓜等作物有更强的适应性。肥沃土壤和底墒好的田块更易于获得高产。

2. 施用底肥

底肥以有机肥为主，无机肥为辅。采用机施或耧施，每 667m^2 施生物有机肥 50～100kg，配合施用磷酸二铵 8～10kg，尿素 5kg。

3. 防治地下害虫

在播种时每亩用 40%辛硫磷乳油 0.1kg，加细沙土或细土 25kg 拌匀撒施在播种穴内防治地老虎、蛴螬等地下害虫。

4. 选用良种

食用向日葵的主要品种有常规种：星火花葵、美二花葵等；杂交种：DK119；油用向日葵的主要品种有凯福瑞 S989、S33（澳33）、S47、G101、Kws303、kws203、康地 102 等。

5. 播种

5.1 **播种期** 压砂地 10cm 土层温度连续稳定达到 8～10℃时即可播种。宁夏砂田向日葵的适宜播种期在 4 月下旬～5 月上旬。

5.2 **株行距** 株距 50～60cm，行距 100cm，每 667m^2 种植 1 100～1 300 株。

5.3 **播种方法** 采用点播，先刨开地面砂层，将种子播于土壤中，每穴播种2～3 粒，踩实，然后覆 1～2cm 厚细砂。如果土壤较干，可在播种前于穴内适量补水，以利出苗，灌溉水质应符合 GB5084 规定。也可用点播器点播，种子必须播在土中。

6. 田间管理

6.1 **查苗补种** 出苗后及时查苗补苗，有缺苗断垄应立即补种或移栽，以保证全苗。补种时，采用浸种方法，也可采取带土移栽，适量补水，促苗快速生长。移栽要在 2 片叶展开时进行，以傍晚和阴天时为宜。

6.2　**间苗定苗**　间苗在幼苗长到 4 片叶时进行，6～8 片叶时定苗。

6.3　**耖砂除草**　结合耖砂进行除草。第 1 次结合定苗进行；第 2 次在封垄之前进行。

6.4　**补水追肥**　现蕾开花期补水一次，每 667m^2 5～6m^3，灌溉水质应符合 GB5084 规定。并结合补水，追肥尿素每 667m^2 5kg，以穴施为宜（每穴 4～5g）。

6.5　**人工辅助授粉**　采用花盘接触法，于开花后 2～3d 把相邻的两个花盘“脸对脸”地轻轻摩擦几下，授粉的时间以上午 9～11 时最为适宜，整个花期进行 2～3 次即可。

6.6　**病虫害防治**

6.6.1　**病害防治**　向日葵主要病害褐斑病、黑斑病锈病、黄萎病、灰腐烂病、露菌病和浅灰腐烂病等。在发病初期用 50%多菌灵可湿性粉剂 600～800 倍液喷雾防治。

6.6.2　**虫害防治**　向日葵螟用 50%杀螟松乳油 1 500 倍液或 90%敌百虫 1 000 倍液喷雾防治。

6.6.3　**鼠害防治**　施放毒饵杀鼠，还可在向日葵茎基部绑上塑料纸，以防老鼠爬秆盗籽。

7. 收获与脱粒

7.1　**适时收获**　当向日葵秆变黄、上部叶片变成黄绿色、下部叶片枯黄、花盘背面变成褐色、花朵干枯脱落、种仁变硬时收获为最适。

7.2　**晾晒与脱粒**　将收获的向日葵平摊晾晒，粒变小松动时脱粒晾干。葵花籽收获后在低温、干燥、通风环境下贮藏（图 9－7）。

图 9-7　砂田向日葵

主要参考文献

白晓虎，张祖立. 2008. 垄作免耕技术及机具的研究进展［J］. 农机化研究（12）：225－227.

蔡立群，齐鹏，张仁陟. 2008. 保护性耕作对麦-豆轮作条件下土壤团聚体组成及有机碳含量的影响［J］. 水土保持学报，22（2）：141－145.

蔡立群，齐鹏，张仁陟，等. 2009. 不同保护性耕作措施对麦-豆轮作土壤有机碳库的影响［J］. 中国生态农业学报，17（1）：1－6.

曹光乔，张宗毅. 2008. 农户采纳保护性耕作技术影响因素研究［J］. 农业经济问题（8）：69－74.

常旭虹，赵广才，张雯. 2005. 作物残茬对农田土壤风蚀的影响［J］. 水土保持学报，19（1）：28－31.

陈冬林，屠乃美，关广晟，等. 2006. 水稻免耕栽培技术的研究及应用［J］. 湖南农业大学学报：自然科学版，32（5）：567－574.

陈留根，张宝生，庄恒扬，等. 2008. 太湖地区稻田保护性耕作条件下水稻生育期土壤肥力的变化［J］. 江苏农业学报，24（6）：826－832.

陈年来，刘东顺，王晓巍. 2008. 甘肃砂田的研究与发展［J］. 中国瓜菜（2）29－31.

陈书涛，朱大威，牛传坡，等. 2009. 管理措施对农田生态系统土壤呼吸的影响［J］. 环境科学，30（10）：2858－2865.

陈印军，张燕卿，徐斌. 2002. 调整治沙方略-抑制沙尘暴危害［J］. 中国农业资源与区划（4）：7－9.

陈智，麻硕士，范贵生. 2007. 麦薯带状间作农田地表土壤抗风蚀效应研究［J］. 农业工程学报，23（3）：61－64.

谌涛，马兴立，李健，等. 2009. 夏玉米免耕精播机应用中存在的问题与改进建议［J］. 河南农业科学（12）：48－49.

雒焕析. 1991. 白银地区砂田的防旱作用及其耕作［J］. 干旱地区农业研究（1）：37－45.

丁恩俊，谢德体. 2009. 基于农业面源污染控制的三峡库区保护性耕作技术

[J]. 农机化研究 (8): 1－5.
董秉业，李庭忠，郭霞，等. 2005. 玉金香甜瓜在宁夏大面积推广获得成功 [J]. 中国西瓜甜瓜 (3): 35－36.
杜延珍. 1993. 砂田在干旱地区的水土保持作用 [J]. 中国水土保持 (4): 35－39.
冯佰利，代惠萍，柴岩，等. 2007. 小杂粮保护性耕作技术探讨 [J]. 干旱地区农业研究 (1): 206－211.
冯福学，黄高宝，于爱忠，等. 2009. 不同保护性耕作措施对武威绿洲灌区冬小麦水分利用的影响 [J]. 应用生态学报，20 (5): 1060－1065.
符冠富，王丹英，徐春梅，等. 2009. 稻田冬季保护性耕作对土壤酶活性以及稻米品质的影响 [J]. 植物营养与肥料学报，15 (3): 618－624.
符冠富，王丹英，徐春梅，等. 2009. 稻田冬季保护性耕作条件下的土壤酶活性与水稻成熟期叶片衰老和籽粒产量之间的关系 [J]. 中国水稻科学，23 (1): 43－50.
富象乾. 1990. 内蒙古农田杂草志 [M]. 内蒙古人民出版社.
高焕文. 2005. 保护性耕作概念、机理与关键技术 [J]. 四川农机 (4): 22-23.
何文清. 2004. 北方农牧交错带农用地风蚀影响因子与保护性农作制研究 [D]. 北京: 中国农业大学.
强学彩. 2003. 秸秆还田量的农田生态效应研究 [D]. 北京: 中国农业大学.
高旺盛. 2004. 中国农业可持续发展理论与策略 [M]. 北京: 中国农业出版社.
关跃辉. 2008. 保护性耕作研究现状与发展趋势 [J]. 内蒙古农业科技 (1): 78－80.
韩宾，李增嘉，王芸，等. 2007. 土壤耕作及秸秆还田对冬小麦生长状况及产量的影响 [J]. 农业工程学报，23 (2): 48－53.
胡恒觉. 1981. 我国砂田免耕法 [A]. 耕作制度论文集 [C]. 北京: 农业出版社，206－217.
黄建中. 1995. 农田杂草抗药性 [M]. 中国农业出版社.
黄禄星，黄国勤. 2007. 保护性耕作及其生态效应研究进展 [J]. 江西农业学报，19 (1): 112－115.
姜玉美. 2007. 浅议我国发展保护性耕作的必要性、面临的问题及对策 [J]. 安徽农学通报，13 (21): 18－19.

焦伟华，陈源泉，隋鹏，等. 2007. 保护性耕作技术适宜性区划的指标体系初探——以免耕为例 [J]. 中国农学通报，23 (10)：77-81.

焦伟华，何荧彬，张小栓，等. 2010. 基于GIS的保护性耕作技术适宜性区划方法 [J]. 农业机械学报，41 (2)：47-51，67.

金继运，白由路. 2006. 高效土壤养分测试技术与设备 [M]. 北京：中国农业出版社.

金亚征，丁丽梅，王兴月. 2010. 保护性耕作研究进展与评述 [J]. 河北北方学院学报：自然科学版，26 (1)：24-28.

金亚征，王莉，刘朝巍. 2009. 中国玉米保护性耕作研究进展 [J]. 河北北方学院学报：自然科学版，25 (3)：36-41.

康建宏，李成军，吴宏亮，等. 2009. 宁夏中部风沙区玉米不同保护性耕作措施研究 [J]. 安徽农业科学，37 (32)：15761-15763，15814.

雷金银，吴发启，王健，等. 2008. 保护性耕作对土壤物理特性及玉米产量的影响 [J]. 农业工程学报，24 (10)：40-45.

李成军，吴宏亮，康建宏，等. 2009. 保护性耕作下玉米田土壤水温效应研究 [J]. 安徽农学通报，15 (11)：115-117，192.

李成军，吴宏亮，康建宏，等. 2009. 保护性耕作现状分析及宁夏发展保护性耕作的前景 [J]. 农业科学研究，30 (2)：65-69.

李成军，吴宏亮，康建宏，等. 2009. 宁夏中部干旱区玉米种植保护性耕作和覆盖措施研究 [J]. 农业科学研究，30 (4)：6-10.

李春霞，王俊忠，李友军，等. 2007. 保护性耕作对冬小麦生长及产量效益的影响 [J]. 耕作与栽培 (3)：4-5，9.

李春霞，王俊忠，李友军，等. 2007. 保护性耕作对冬小麦生长及产量效益影响的研究 [J]. 安徽农业科学，35 (22)：6739-6740，6742.

李凤岐，张波. 1982. 陇中砂田之探讨 [J]. 中国农史 (2)：33-39.

李洪杰，宁堂原，邵国庆，等. 2009. 不同耕作方式与施氮量对麦玉两熟产量的影响 [J]. 山东农业科学 (3)：8-11.

李立科. 1999. 小麦留茬少耕秸秆全程覆盖新技术 [J]. 陕西农业科学 (4)：40-41，47.

李琳，伍芬琳，张海林，等. 2008. 双季稻区保护性耕作下土壤有机碳及碳库管理指数的研究 [J]. 农业环境科学学报，27 (1)：248-253.

李素娟，陈继康，陈阜，等. 2008. 华北平原免耕冬小麦生长发育特征研究 [J]. 作物学报，34 (2)：290-296.

李素娟，李琳，陈阜，等. 2007. 保护性耕作对华北平原冬小麦水分利用的影响 [J]. 华北农学报，22 (z1)：115-120.
李香菊. 2003. 玉米及杂粮田杂草化学防除 [M]. 北京：化学工业出版社.
李向东，陈源泉，隋鹏，等. 2007. 中国南方集约多熟稻田保护性耕作制度 [J]. 生态学杂志，26 (10)：1653-1656.
李向东，隋鹏，张海林，等. 2007. 南方稻田保护性耕作制的农民认知分析 [J]. 农业系统科学与综合研究，23 (2)：190-195.
李向东，汤永禄，隋鹏，等. 2007. 四川盆地稻田保护性耕作制可持续性评价研究 [J]. 作物学报，33 (6)：942-948.
李莹，魏斌，任晓慧. 2010. 关于天水市旱作农业发展的思考 [J]. 甘肃农业科技 (4)：33-35.
李永平，冯永忠，杨改河，等. 2009. 黄土高原土壤风蚀区玉米起垄覆盖集水效应 [J]. 农业工程学报，25 (4)：59-65.
梁玉成，吕金庆，谢宇峰. 2009. 保护性机械化耕作技术在黑龙江省的应用 [J]. 农机化研究 (7)：14-17.
刘建，魏亚凤，杨美英，等. 2008. 稻麦带状互套耕作模式及其高产高效种植技术 [J]. 金陵科技学院学报，24 (3)：53-57.
刘景辉，贾克力. 2002. 免耕法 [M]. 呼和浩特：远方出版社.
刘谦和，李志强. 1993. 砂田土壤的水蒸发特征和温度变化 [J]. 甘肃农业科技，(8)：26-28.
刘爽，何文清，严昌荣，等. 2010. 不同耕作措施对旱地农田土壤物理特性的影响 [J]. 干旱地区农业研究，28 (2)：65-70.
刘武仁，郑金玉，罗洋，等. 2007. 玉米宽窄行种植技术的研究 [J]. 吉林农业科学，32 (2)：8-10，13.
刘武仁，郑金玉，罗洋，等. 2008. 东北黑土区发展保护性耕作可行性分析 [J]. 吉林农业科学，33 (3)：3-4，13.
刘武仁，郑金玉，罗洋，等. 2007. 东北黑土区玉米保护性耕作技术模式研究 [J]. 玉米科学，15 (6)：86-88.
刘晓光，郑大玮，潘学标. 2006. 油葵秆生物篱和作物残茬组合抗风蚀效果研究 [J]. 农业工程学报，22 (12)：60-64.
鲁长才. 2007. 中卫香山压砂西瓜 [M]. 北京：中国经济出版社.
鲁如坤. 2000. 土壤农业化学分析方法 [M]. 北京：中国农业科学技术出版社.

鲁向晖，隋艳艳，王飞，等. 2007. 保护性耕作技术对农田环境的影响研究 [J]. 干旱地区农业研究，25（3）：66－72.
路战远，张德健，李淑芳，等. 2007. 农牧交错区保护性耕作玉米田杂草发生规律及防除技术 [J]. 河南农业科学，12：66－68.
吕美蓉，宁堂原，张涛，等. 2008. 少免耕和秸秆还田对冬小麦光合特性的影响 [J]. 山东农业科学（6）：5－8.
吕忠恕，陈邦瑜. 1955. 甘肃砂田的研究 [J]. 农业学报，6（3）：299－312.
马奇祥，常中先. 2003. 农田化学除草新技术 [M]. 北京：金盾出版社.
马玉明，王林和. 2004. 风沙运动学 [M]. 呼和浩特：远方出版社.
牛新胜，马永良，牛灵安，等. 2007. 玉米秸秆覆盖冬小麦免耕播种对土壤理化性状的影响 [J]. 华北农学报，22（z2）：158－163.
秦红灵，高旺盛，马月存，等. 2008. 免耕条件下农田休闲期直立作物残茬对土壤风蚀的影响 [J]. 农业工程学报，24（4）：66－71.
秦红灵，高旺盛，马月存，等. 2008. 两年免耕后深松对土壤水分的影响 [J]. 中国农业科学 ，41（1）：78－85.
宋维峰. 1994. 甘肃砂田 [J]. 甘肃水利水电，6（2）：56－58.
苏少泉. 1989. 除草剂概论 [M]. 北京：科学出版社.
孙国峰，陈阜，肖小平，等. 2007. 轮耕对土壤物理性状及水稻产量影响的初步研究 [J]. 农业工程学报，23（12）：109－113.
孙敬克，李友军，黄明，等. 2007. 不同耕作方式对冬小麦生育期根际土及非根际土土壤酶活性的影响 [J]. 河南科技大学学报：自然科学版，28（2）：59－62.
汤秋香，谢瑞芝，李少昆，等. 2009. 基于农户认知的保护性耕作模式产量效应模糊数学分析 [J]. 生态学报，29（8）：4260－4266.
唐政洪，蔡强国，许峰，等. 2001. 半干旱区植物篱侵蚀及养分控制过程的试验研究 [J]. 地理研究，20（5）：593－600.
田淑敏，刘瑞涵，侯富强. 2006. 京郊农田保护性耕作技术实施效益的评价指标体系研究 [J]. 北京农学院学报，21（4）：50－53.
涂鹤龄. 2003. 麦田杂草化学防除 [M]. 北京：化学工业出版社.
妥德宝，段玉，赵沛义. 2002. 带状留茬间作对防治干旱地区农田风蚀沙化的生态效应 [J]，华北农学报，17（4）：63－67.
王鹤龄，李耀辉. 2007. 中国北方沙尘暴及其农学防治探讨 [J]. 干旱气象，25（2）：71－76.

王玲玲，何丙辉，李贞霞. 2003. 等高植物篱技术研究进展 [J]. 中国生态农业学报，11 (3)：131 - 133.
王旭东，陈鲜妮，王彩霞，等. 2009. 农田不同肥力条件下玉米秸秆腐解效果 [J]. 农业工程学报，25 (10)：252 - 257.
王燕，王小彬，刘爽，等. 2008. 保护性耕作及其对土壤有机碳的影响 [J]. 中国生态农业学报，16 (3)：766 - 771.
王志辉，陈占全，李月梅，等. 2009. 保护性耕作研究进展及在青海省的推广建议 [J]. 青海科技 (1)：26 - 30.
吴文革，张玉海，汪新国，等. 2008. 水稻少免耕栽培研究进展 [J]. 土壤，40 (5)：712 - 718.
伍芬琳，张海林，李琳，等. 2008. 保护性耕作下双季稻农田甲烷排放特征及温室效应 [J]. 中国农业科学，41 (9)：2703 - 2709.
肖汉乾，屠乃美，关广晟，等. 2008. 烟—稻复种制下烟杆还田对晚稻生产的效应 [J]. 湖南农业大学学报：自然科学版，34 (2)：154 - 158.
谢红梅. 2009. 保护性耕作技术研究进展与展望 [J]. 安徽农业科学，37 (5)：1965 - 1967，1969.
辛秀先. 1993. 论甘肃砂田的形成及其起源 [J]. 甘肃农业科技 (5)：5 - 7.
许强，强力，吴宏亮，等. 2008. 西北传统保护性耕作法——砂田生态机制.
许强，强力，吴宏亮，等. 2009. 砂田水热及减尘效应研究 [J]. 宁夏大学学报：自然科学版，30 (2)：180 - 182.
许强，吴宏亮，康建宏，等. 2009. 旱区砂田肥力演变特征研究 [J]. 干旱地区农业研究，27 (1)：37 - 41.
杨国强，张明玺，杨敬青. 1995. 砂田在干旱山区农业持续发展中的作用与效益 [J]. 中国水土保持 (5)：31 - 33.
杨海涛. 2005. 保护性耕作不同施肥模式下土壤特性与春玉米生长发育研究 [D]. 北京：中国农业大学.
杨海涛，赵久然，李瑞媛，陈国平，张海林. 2007. 不同施肥模式下保护性耕作春玉米产量及经济效益 [J]. 中国农学通报，23 (8)：176 - 180.
杨来胜，席正英，李玲，等. 2005. 砂田的发展及其应用研究（综述） [J]. 甘肃农业 (7)：72.
杨来胜. 2004. 砂田及其不同覆盖方式的水热效应对白兰瓜生长发育影响的研究 [D]. 扬凌：西北农林科技大学.
杨利年，马学峰，刘秀珍，等. 2005. 压砂地西瓜不同覆盖方式的气象效应

[J]. 宁夏农林科技 (5): 28-30.

杨学明，张晓平，方华军. 2004. 北美保护性耕作及对中国的意义应用 [J]. 应用生态学报，15 (2): 335-340.

姚爱华，冯佰利，柴岩，等. 2008. 不同耕作方式对小杂粮产量及水分利用效率的影响 [J]. 干旱地区农业研究，26 (1): 97-101.

叶桃林，李建国，胡立峰，等. 2006. 湖南省双季稻主产区保护性耕作关键技术定位研究Ⅰ. 稻田不同保护性耕作种植模式作物生长发育状况与经济效益评价 [J]. 作物研究 (1): 34-39.

殷瑞敬，温晓霞，廖允成，等. 2009. 耕作和覆盖对苹果园土壤酶活性的影响 [J]. 园艺学报，36 (5): 717-722.

原君静，李洪文. 2009. 保护性耕作适应性评价与模式选择方法研究 [J]. 农机化研究 (7): 10-13.

翟瑞常，张之一. 1996. 耕作对土壤生物碳动态变化的影响 [J]. 土壤学报，33 (2): 201-210.

张朝贤，朱文达，曲哲，等. 2004. 棉田和油菜田杂草化学防除 [M]. 北京：化学工业出版社.

张朝贤. 2000. 农田杂草防除手册 [M]. 北京：中国农业出版社.

张德健，路战远，智颖飙，等. 2008. 农牧交错区保护性耕作小麦田间杂草发生规律及控制技术 [J]. 安徽农业科学，4: 1479-1481.

张殿京，陈仁霖，段同钊，等. 1992. 农田杂草化学防除大全 [M]. 上海：上海科学技术文献出版社.

张海林，高旺盛，陈阜，等. 2005. 保护性耕作研究现状、发展趋势及对策 [J]. 中国农业大学学报，10 (1): 16-20.

张海林，陈阜，秦耀东，等. 2002. 覆盖免耕夏玉米耗水特性的研究 [J]. 农业工程学报，18 (2): 36-40.

张建军，王勇，唐小明，等. 2010. 陇东黄土旱塬不同耕作方式及施肥处理对冬小麦产量和土壤肥力的影响 [J]. 干旱地区农业研究，28 (1): 247-254.

张金鑫，穆兴民，王飞，等. 2009. 基于土壤质量的保护性农业技术及其政策取向 [J]. 水土保持研究，16 (1): 264-268.

张胜爱，马吉利，崔爱珍，等. 2006. 不同耕作方式对冬小麦产量及水分利用状况的影响 [J]. 中国农学通报，22 (1): 110-113.

张雯，丛巍巍，赵洪亮，等. 2010. 免耕条件下玉米残茬处理对农田表层土

壤结构性能的影响 [J]. 干旱地区农业研究，28 (3)：79 - 82，113.
张玉兰，郑有飞. 2006. 西瓜砂田不同覆盖方式的增温保墒效应初探 [J]. 中国农业气象，27 (4)：323 - 325.
张泽溥. 2004. 我国农田杂草治理技术的发展 [J]. 植物保护，30 (2)：28 -33.
赵举，郑大玮，妥德宝，等. 2002. 阴山北麓农牧交错带带状留茬间作轮作防风蚀技术研究 [J]. 干旱地区农业研究，20 (2)：5 - 9.
赵君，张立峰，刘景辉，等. 2010. 几种保护性耕作对土壤含水量和风蚀量的影响 [J]. 安徽农业科学，38 (9)：4720，4728.
赵沛义，妥德宝，闫伟，等. 2008. 野外土壤风蚀定量观测方法的研究 [J]. 安徽农业科学，36 (29)：12810 - 12812.
赵沛义，妥德宝，郑大玮，等. 2007. 带状留茬间作减轻旱作农田土壤风蚀的生态效应研究 [J]. 中国农学通报，23 (10)：171 - 174.
赵廷祥. 2002. 农业保护性耕作与生态环境保护 [J]. 农村牧区机械化，(4)：7 - 8.
赵燕，李成军，康建宏，等. 2009. 砂田的发展及其在宁夏的应用研究 [J]. 农业科学研究，30 (2)：35 - 38，52.
赵燕，强力，康建宏，等. 2009. 宁夏砂田辣椒引种与品种比较研究 [J]. 安徽农学通报，15 (5)：125 - 127.
朱杰. 2006. 直播稻田土壤耕作深度和秸秆还田的生态效应研究 [D]. 南京：南京农业大学.
朱文珊，王坚. 1996. 地表覆盖种植与节水增产 [J]. 水土保持研究，3 (3)：141 - 145.
ARSHAD M A. 1999. Tillage practices for sustainable agriculture and environmental quality in different agroecosystems [J]. Tillage and soil quality. (01).
ENGLEHORN C L，ZINGG A W，WOODRUFF N P. 1952. The effect of plant residue cover and clod structure on soil losses by wind [J]. Soil Sci Soc Am J，16：29 - 33.
FRYREAR D W，SKIDMORE E L. 1985. Methods of controlling wind erosion [M]. //Follett R，Stewart B A. (Eds.). Soil Erosion and Crop Productivity. ASA，CSSA，SSSA，Madison，WI，443 - 457.
LU ZHANYUAN，ZHANG DEJIAN，GUO YUE. 2006. Studies on the

Weed Developing Regularity and Controlling Technique for Agri-Grazing-Ecotone under Conservation Tillage in Maize Field [J]. Conservation Agriculture Technology and Application，(9)：196－206.

LYLES L，ALLISON B E. 1981. Equivalent wind-erosion protection from selected crop residues [J]. Transactions of the ASAE，24：405－408.

QIN HONGLING，GAO WANG-SHENG，MA YUECUN，MA Li，YIN CHUNMEI，CHEN ZHE，CHEN CHUNLAN. 2008. Effects of Subsoiling on Soil Moisture Under No-Tillage for Two Years [J]. Scientia Agricultura Sinica，(1).

SIDDOWAY F H，CHEPIL W S，ARMBRUST D V. 1965. Effect of kind，amount，and placement of residue on wind erosion control [J]. Transactions of the ASAE，(8)：327-331.

UNGER P W. 1994. Managing Agricultural Residues [M]. Boca Raton：Lewis Publishers，289.

VAN DEN VEN T A M，FRYREAR D W，SPAAN W S. 1989. Vegetation characteristics and soil loss by wind [J]. J Soil Water Cons，44：347－349.

ZHANG DEJIAN，LU ZHANYUAN，GUO YUE. 2006. Studies on the Weed Developing Regularity and Controlling Technique for Agri-Grazing-Ecotone under Conservation Tillage in Wheat Field [J]. Conservation Agriculture Technology and Application，(9)：187－195.

图书在版编目（CIP）数据

农牧交错风沙区保护性耕作技术／刘景辉，张立峰，许强主编．—北京：中国农业出版社，2010.8
ISBN 978-7-109-14946-5

Ⅰ.①农… Ⅱ.①刘… ②张… ③许… Ⅲ.①资源保护-土壤耕作-研究 Ⅳ.①S341

中国版本图书馆 CIP 数据核字（2010）第 168449 号

中国农业出版社出版
（北京市朝阳区农展馆北路 2 号）
（邮政编码 100125）
责任编辑 舒 薇

中国农业出版社印刷厂印刷 新华书店北京发行所发行
2010 年 12 月第 1 版 2010 年 12 月北京第 1 次印刷

开本：880mm×1230mm 1/32 印张：6
字数：158 千字
定价：18.00 元